国家林业局普通高等教育"十三五"规划教材

航 空 护 林

何　诚　舒立福　主编

中国林业出版社

内容简介

　　编者依据航空护林现状，根据长期的业务工作实践，注重理论与实践相结合，深入浅出地论述了飞行灭火工作中各个环节的诸多技术，包括场站建设、调度指挥、航行管制、飞行安全、火场侦察、机降扑火、吊桶灭火等诸方面内容，各个环节叙述清楚，技术要领详细明了，易于掌握和具体操作，对保证航空护林工作有条不紊地进行有着现实的指导意义。

　　本书内容新颖，知识全面；论述深入，条理清晰；理论创新，深刻透彻；语言朴实，通俗易懂；图文并茂，直观生动，是航空护林工作者、森林防火管理及研究者、森林武装警察官兵以及在校大学生很好参考书。

图书在版编目（CIP）数据

航空护林／何诚，舒立福主编. —北京：中国林业出版社，2017.9
国家林业局普通高等教育"十三五"规划教材
ISBN 978-7-5038-9282-0

Ⅰ.①航…　Ⅱ.①何…②舒…　Ⅲ.①飞机防火－森林防火－高等学校－教材　Ⅳ.①S762.6

中国版本图书馆 CIP 数据核字（2017）第 234596 号

国家林业局生态文明教材及林业高校教材建设项目

中国林业出版社·教育出版分社

策划编辑： 杨长峰　肖基浒		**责任编辑：** 肖基浒　于界芬	
电　话：(010)83143555　83143561		**传　真：**(010)83143516	

出版发行　中国林业出版社(100009　北京市西城区德内大街刘海胡同 7 号)
　　　　　　E-mail:jiaocaipublic@163.com　电话:(010)83143500
　　　　　　http://lycb.forestry.gov.cn

经　销　新华书店
印　刷　三河市祥达印刷包装有限公司
版　次　2017 年 9 月第 1 版
印　次　2017 年 9 月第 1 次印刷
开　本　787mm×1092mm　1/16
印　张　11.5
字　数　287 千字
定　价　31.00 元

南京森林警察学院系列规划教材

《航空护林》编写人员

主　　编　何　诚　舒立福

副 主 编　周俊亮　张思玉　刘晓东　郑怀兵

编写人员　（以姓氏拼音排序）

陈　锋　（北京林业大学）

何　诚　（南京森林警察学院）

胡志东　（南京森林警察学院）

李广元　（南京森林警察学院）

刘柯珍　（中国林业科学研究院）

刘克韧　（国家林业局北方航空护林总站）

刘晓东　（北京林业大学）

舒立福　（中国林业科学研究院）

王秋华　（西南林业大学）

汪　东　（南京森林警察学院）

姚树人　（南京森林警察学院）

张思玉　（南京森林警察学院）

张运生　（南京森林警察学院）

郑怀兵　（南京森林警察学院）

周涧青　（南京森林警察学院）

周俊亮　（国家林业局北方航空护林总站）

前　言

　　航空护林是一门专业性较强的综合应用学科，其范围涉及自然和社会科学的诸多领域。为了宣传和普及航空护林知识，本书在搜集国内外有关航空护林资料的基础上，结合我国的森林防火和航空护林工作实际，着眼先进技术和管理经验，在国家森林防火指挥部航空护林处、国家林业局南北方航空护林总站等部门的帮助指导下，结合多年授课讲义的基础上，查阅了国内外最新研究成果及相关资料编写而成的。

　　航空护林涉及地形、气象、林学、物理、化学、计算机、航空航天、信息、管理、数学等多个学科知识，它是数学、物理学、化学、地理科学、大气科学、电子信息科学、心理学、系统科学、管理科学、林学、测绘工程、航天航空、机械等学科相互交融与综合。本书可作为森林防火、林学、森林保护专业本科生教材，同时可供研究生和其他相关专业学生参考，也可为从事森林防火教学、科研、管理和生产实践的工作者提供参考。

　　本书得到了国家重点研发计划（2017YFD0600106-4）、江苏省"333 高层次人才培养工程"、江苏省青蓝工程中青年学术带头人培养工程、江苏省青蓝工程骨干教师培养工程、南京森林警察学院学术著作出版资助基金等项目的资助。

　　由于编者水平有限，加之拟稿时间仓促，拟稿人员较多，统稿难度尤大，书中出现错误、疏漏在所难免，恳请读者批评指正。

编　者

2016 年 9 月 15 日

目 录

第1章

航空护林概述

全球气温水平整体上升，森林火灾频繁发生，在自然灾害中，包括地震、洪水、干旱、海啸、飓风、火灾等诸多自然灾害，由于森林大火具有突发性强、发生面广、处置扑救难度大、破坏性强的特点，且哪里有森林，哪里就有森林火灾，火灾对森林的影响和破坏严重，所以其属于重大自然灾害，在林火机理和预防扑救技术等方面都极为复杂，森林防火已经成为一个世界性的难题。

森林火灾是损害森林生态环境最大的灾害，我国每年都会发生多起大面积的火灾，严重破坏人们赖以生存的生态环境，给生态平衡带来威胁。一场森林火灾不光损坏人们的财产，甚至危及人们的生命安全。习近平总书记对生态文明建设高度重视，各种高新科技产品的融入为森林防火的工作提供了基础与保障。

森林火灾具有复杂性，不仅受气候天气等自然因数的影响，还受人为活动的影响。全球平均每年由于森林火灾毁坏的面积高达 1 000 万公顷，约占总的森林面积的 0.1%；且其中90%以上的森林火灾都与人为活动有关。目前包括美国、德国、加拿大等世界发达国家均缺乏对大规模的森林火灾的控制能力。

自 1949 年中华人民共和国成立以来，年均发生大小森林火灾 1.5 万起，受灾森林面积高达 15 万公顷，死伤人数达 150 人左右；自从大兴安岭一场大火过后，人们意识到森林火灾的严重危害，我国政府加强了对森林防火的组织和管理，年均森林火灾降为 8 000 起左右，受灾森林面积达 10 万公顷，死伤人数控制在 80 人左右；随着森林防火在我国的重视及新型防火产品和技术的投入，这个数据还在下降。

气候异常导致近年来全球森林火灾频发，加拿大、美国、俄罗斯、蒙古、澳大利亚和中国都发生了森林大火，引起全球关注。在各国加强森林火灾预防的同时，提高灭火能力成为各国森林防火机构面临的重要课题。在发生森林大火时，由于火险强度高，火蔓延速度快，地面扑火困难，空中灭火成为控制火灾蔓延的主要手段。随着我国经济发展和对环境保护的重视，我国的航空护林事业将面临一个新的快速发展阶段。

1.1 国外航空护林简况

1.1.1 美国

美国 20 世纪 60 年代末用于护林防火的飞机已达 1 000 架，跳伞灭火队员从 1940 年的 14 人增加到 1974 年的 400 多人，一年内他们在 1 200 个火场上完成 4 500 多次的跳伞灭火任务。到 1976 年，在美国就有 300 多架中、小型直升飞机用于航空护林。目前美国拥有大型灭火飞机 266 架，主要型号包括 P3A、P2V - 5、P2V - 7、C130A、C54G、DC7B、S2、S64、KC97、CL - 215、S - P4Y - 2 等。

20 世纪 90 年代，美国开始森林航空消防空中智能标绘系统研发及森林航空消防飞机实时跟踪系统的研究，并在森林航空消防中得到广泛应用。在森林火灾比较严重的 2001 年，政府增加了 5 500 扑火队员，包括季节性工作和长期工作职位。投入大约 3 800 万美元用于改善和维护 144 处基础设施，包括蒙大拿州、俄勒冈州、加利福尼亚州、新墨西哥州、犹他州和亚利桑那州的航空基地，并购买 406 消防车、56 推土机、14 牵引犁和 24 台水/泡沫发生器，增加了 31 架直升机的租用合同，这些设备大部分用于西部地区。

1.1.2 俄罗斯

俄罗斯林业部的空中监测网包括设在莫斯科附近的航空防火监测调度中心和分设在林区各主要城市的 18 个基地，共配备 640 架飞机和直升机以及消防伞兵 12 000 人。18 个航空防火监测基地分片包干，每天派飞机沿规定航线在不同林区上空巡逻。在火灾易发季节，每天至少巡逻两次。有一种可以一次装 30t 的大型专用苏制灭火飞机，已于 1987 年投入使用。

目前，俄罗斯负责 11.11 亿公顷森林的防火工作。每年的森林防火经费有 57.7% 用于航空巡逻（10.5%）和 Avialesookhrana 的航空护林部门（47.2%），可以监测到 49% 以上的森林火灾。1999 年，俄罗斯发生火灾 31 000 多起，过火面积 96 万公顷，包括 68 万公顷林地，其中，6 000 多起火灾的扑救工作是在航空扑火部门协助下完成的，39.2% 的火灾由快速反应队伍在火灾发生当天扑灭。

由于经济衰退，跳伞队员和机降人员数量与 1980 年相比已经大大减少，但近几年数量基本稳定，目前有扑火队员 3 900 名。1999 年共扑灭 2 551 起火灾，933 名跳伞队员和机降队员（防火专家）从一个地区到另一个地区不断转战，在扑救森林火灾过程中起到重要作用。

根据俄罗斯 1999—2005 年工作计划，投入更多资金用于发展和购买新的航空技术。新型水陆两用飞机 BE 200P 得到推广，同时开发新型洒水系统和灭火剂。据估计，采用这些新技术后，俄罗斯的扑火效率提高 2 倍以上。

1.1.3　加拿大

加拿大的森林防火工作主要由各省具体负责，全国约有 1 亿加元的灭火设备，650 支初始攻击灭火队，400 支持续攻击灭火队（5 人一组），109 架大型洒水飞机，其中 CL－215/415 飞机 50 架，还有 66 架直升机和 49 架扑火侦查机。这些飞机由联邦和省联合购买，由省/区政府管理与使用。在消防高峰期有 8 000 名消防人员、300 多架消防飞机投入防火工作。

加拿大全国各地和北美国际间都签有资源共享协议。安大略省有 2 500 万加元的灭火设备（水泵、软管等），197 支初始攻击灭火队和 120 支后续灭火队，9 架 CL－415 洒水飞机，5 架双水獭灭火飞机，9 架直升机，11 架侦察机和 5 架空中指挥飞机，火灾高峰期间可动用 4 000 扑火人员和 200 架飞机。

全国 13 个林火管理单位都有消防中心和扑火基地组成的消防网络，消防中心负责计划和调度。扑火基地之间相距 150～200 千米，每个基地的辖区半径为 30～60 分钟的路程，洒水飞机到航空扑火基地通常有 300 千米，同一单位内的所有基地之间可以随时通过无线电和电话联系，偏远地区采用卫星电话联系。消防中心负责向扑火基地调派资源，各省级消防中心负责在省内各地间资源调拨并负责在全国范围内与其他省份进行资源共享。

加拿大的扑火行动特别注重初始攻击，初始攻击的标准是 96% 的成功率，火场面积小于 4 公顷。CL－415、CL－215 和其他灭火飞机在加拿大林火扑救中起着重要的作用。一般的扑火行动常常是地面灭火与空中灭火相结合，在火场附近没有水源时就喷洒阻燃剂，灭火飞机可以遏制火势的发展，有效配合地面灭火队的灭火行动，降低火灾损失。

加拿大灭火飞机主要类型包括：洒水飞机 CL－215/415、阻火剂喷洒飞机（DC－6，S－2，802）、直升机（轻型、中型、重型）、监测飞机（小型单座）、空中指挥飞机（双座）。CL－215 由加拿大加空公司在 20 世纪 60 年代开发的，是装有星形发动机和 5 337 升双门水箱系统的水陆两用灭火飞机。CL－215T 改装涡轮螺旋桨发动机，并进行了一些其他改进，目前有 17 架改型飞机在加拿大和西班牙服役。CL－415 采用涡轮螺旋桨发动机和 6 140 升大容量水箱系统的水陆两用灭火飞机，与 CL－215 相比，其动力控制能力加强，载重量加大。至 1999 年，加拿大、西班牙、希腊、法国、意大利、克罗地亚、委内瑞拉、美国和泰国等国家已订购了 181 架，CL－215/415 灭火飞机在世界范围内得到应用。

1.1.4　澳大利亚

澳大利亚拥有森林 1.56 亿英亩①森林，其中干性森林占 60%，森林火灾比较严重。1998/1999 年度森林防火投资 8 000 万澳元。澳大利亚有许多机构参与森林火灾的扑救工作，各州负责机构不尽相同，但主要是乡村消防局和其他类似的林火管理机构，这些机构的主要任务是扑救森林火灾。其他机构，如州火管理组织和城市消防局有时也参与森林消防工作。林火管理组织是政府土地管理机构，有一个专门管理林火的分支机构。

澳大利亚的林火主要由当地志愿者组成的消防队扑救。志愿者由消防机构的雇员进行

---

①　1 英亩 = 4 046.8 平方米。

培训和协调。州政府负责消防机构的主要费用，但当地政府和社区也通常负担一部分。灭火方式以地面灭火队灭火为主，航空灭火以直升机吊桶灭火为主。2001 年圣诞节，澳大利亚新南威尔士州在森林大火扑救过程中，该州动员了 5000 多名消防人员和约 1.5 万名志愿者，动用乡村消防局自己的飞机和海军直升机 46 架，并租用 2 架加拿大生产的"空中飞鹤"型灭火直升机。

1.1.5 希腊

1997 年以前，希腊的森林防火由林务局负责。1998 年 5 月开始，消防局负责森林扑火和城市消防工作，但大多森林防火工作仍由林务局负责。1998 年消防局对林火的控制完全失败，因为森林消防与城市消防有很大的不同。此后，消防局加强了森林防火的准备工作，加强了人员培训，制订了扑火预案，并购买了需要的设备，订购了 10 架 CL - 415 洒水飞机和雇佣更多的私人飞机，同时也加强了森林火险预报工作。

国有飞机由希腊航空部队使用，包括 4 架新的 CL - 415 洒水飞机，14 架旧的 CL - 215 洒水飞机，20 架 PZL M - 18 Dromader 飞机，6 架 Grumman 双翼飞机，2 架 C - 130 运输机，2 架带吊桶的军用 Chinook CH - 47D 直升机。2000 年国家飞行大队还租用 3 架 CL - 215s 和 16 架重型直升机(1 Ericsson Air - Crane，3 MI - 26s，4 MI - 8s 和 8 Camovs)。

加强航空灭火的措施还包括：向加拿大庞巴迪公司订购 10 架新的加空水陆两用洒水飞机 CL - 415，其中 2 架已于 1999 年火险期前交付使用；订购 4 架超重直升机用于森林防火，分别是 1 架 Ericsson 空中起重机(Air-Crane)，2 架 MI - 26 和 1 架 Kamov。MI - 26 可以运载 2 辆消防车及所需人员，这对爱琴海上几百个岛屿的保护是必不可少的；订购 2 架加拿大加空公司 CL - 215 水陆两用洒水飞机和 1 架可以一次洒水 42 吨的 Illyushin (IL 76 TD) 飞机，以补充现有的 15 架 CANADAIR CL - 215 的希腊航空扑火力量；利用希腊军队的 Chinook CH - 47D 和 UH - 1H "Huey" 直升机。

1.1.6 德国

德国采用的 C - 160 型飞机是一种广泛使用的军用运输飞机，它具有极好的低空缓慢飞行性能。一架次可载水 12 000 升，负载时航速为 385 千米/小时，喷洒时为 450 千米/小时。M - B - B 公司还为该飞机设计研制了一套专用灭火设备，设备全长 13.8 米，由圆筒形的水箱(也可装灭火剂)和尾端管组成。水箱的容积是 12 000 升，装在机舱前部。灭火时，用 4 个 TLEl6 型水槽将水装满，装满水的时间是 3 分 42 秒。全套设备借助于负载滑道和飞机上的绞盘，可在 20～30 分钟内安装固定好。

1.1.7 法国

法国用于扑灭林火的飞机主要有 DC - 6 型和 CL - 15 型 2 种，DC - 6 型飞机的水箱是外挂式，飞行速度 460 千米/小时，每架次可装载 12 000 升阻火剂，空中灭火飞行时间为 4～5 小时。

1.1.8 日本

在 20 世纪 80 年代以前，日本在国有林区已建立 36 个航空灭火基地。日本在全国主要林区合理布局建设航空补给基地，主要是为灭火飞机、消防车供水和补充灭火药剂、灭火工具以及运送消防员等。在航空护林方面，目前日本扑救森林火灾主要是消防直升飞机，因消防飞机有限，一般都是请自卫队飞机支援，主导力量是军用飞机。

世界上许多发达国家，目前都建立了比较完善的森林防火、航空护林体系，配备的飞机、人员和设备也较齐全。航空护林扑火已成为现代森林防火系统工程中控制森林火灾的一种有效手段。各国在建设完善的包括使用飞机进行巡逻报警在内的森林防火监测体系的同时，采取切实有效的各种现代化措施，提高扑救森林火灾效率，最大限度地减少火灾损失，成为世界许多国家探索和研究的新课题。

1.2　中国航空护林概况

与发达国家相比，我国的航空灭火历史较短。1952 年，我国在大、小兴安岭林区开始用飞机侦察森林火情火灾，并进行空中巡逻报警。1957 年，开始采用直升飞机进行机降灭火。1960 年我国组建伞降灭火队，并于 1963 年正式开展伞降灭火，但后来取消了这一灭火方式。1980 年开始采用化学灭火剂灭火，但由于机型和灭火成本的限制，化学灭火剂的实际应用范围很小。目前在东北和西南重点林区每年租用固定翼飞机约 40 架，主要负责人烟稀少、交通不便的偏远原始林区航空巡护。

目前，我国还没有大型的洒水飞机，这大大限制了我国的森林火灾控制能力。特别是扑救偏远地区的森林火灾时，依靠地面灭火力量灭火的困难很大，而且容易错过初始灭火的机会，会导致火场面积迅速扩大。

虽然目前我国采用的小机群灭火取得了一定的效果，但从长远来看，采用大型洒水飞机是未来航空灭火的发展趋势。未来的森林灭火队伍将更加专业化，与军队的发展相似，扑火队伍人数减少的同时，扑火装备将大大改善。采用大型灭火飞机和运输机将促进扑火的资源的合理配置和提高灭火效率，这应是我国航空护林的发展方向。

目前我国的专业航空护林机构只有 2 家，分别是国家林业局北方航空护林总站和国家林业局南方航空护林总站。在国家林业局的统一领导下，黑龙江的北方航空护林总站和云南的南方航空护林总站分别负责本区域内的航空护林协调管理工作，汇总、审核、上报和组织实施本区域内的航空护林计划，指导和管理航站建设、人员培训、考核及发证等工作。各航站根据工作任务要求，负责具体组织实施。北方航空护林总站负责的区域为北京、天津、河北、山西、内蒙古、辽宁、吉林、黑龙江、陕西、甘肃、青海、宁夏、新疆等 13 个省(自治区、直辖市)；南方航空护林总站负责的区域为上海、江苏、浙江、安徽、福建、江西、山东、河南、湖北、湖南、广东、广西、海南、四川、重庆、贵州、云南、西藏等 18 个省(自治区、直辖市)。

1.3　航空护林的地位和作用

航空护林保护的对象是人类赖以生存的森林资源。森林是陆地生态系统的主体，生态与经济协调发展，是根本大计和最大的经济效益。航空护林事业是保护森林资源，维护生态平衡，建设生态文明，实现经济社会可持续发展，全面建设小康社会的公益事业；航空护林是森林防火的重要组成部分，是预防和扑救森林火灾的重要力量，尤其是在扑救重大、特大森林火灾中的作用举足轻重、不可或缺；航空护林工作是维护林区社会稳定，促进林区经济发展，保护人民生命财产安全的重要工作；航空护林队伍是森林防火的尖兵。这就是航空护林在我国经济社会发展中的地位。航空护林的作用主要体现在以下几个方面：

（1）航空护林队伍是森林防火的尖兵

人才队伍建设是航空护林工作的关键。多年来，国家林业局、各级政府对航空护林队伍建设极其重视，建立了一支素质全面、专业技术娴熟的人才队伍。各航站领导、业务技术骨干，大多数是改革开放以来各林业院校的毕业生，政策理论水平较高，科学决策能力较强，现代化管理水平和专业技术水平较高，为做好森林防火和航空护林工作奠定了组织领导基础，使得航空护林队伍成为森林防火的尖兵。

（2）航空护林是森林防火工作的重要预防手段

东北、内蒙古林区和西南林区，既是国家重点林区，也是森林火灾重发区。地面瞭望塔星罗棋布，瞭望范围广大，辅之以航空护林飞机空中巡护和卫星监测，使我国森林防火形成航天、航空、地面相结合的立体交叉监测网，极大地提高了火情发现率。有火情能够及时发现、及时扑救，将森林火灾消灭在初发阶段，避免小火酿成大灾。防火期内，航空护林飞机在空中撒森林防火宣传单，宣传教育家喻户晓，起到潜移默化的作用。林区职工群众目视航空护林飞机在保护森林资源、防范森林火灾，自觉增强了森林防火意识，加强了火源管理，从源头上减少了林火的发生。

（3）航空护林为决策者制订扑火方案提供真实可靠的科学依据

火场侦察翔实准确是航空护林的优势之一。飞机发现火情后，便立即改航飞往火场上空，对火场进行侦察，提供第一手火场情况，侦察报告内容翔实，火场要素反映准确，建议扑救措施具体，这就为各级扑火指挥部果断决策、制订切实可行的扑火方案提供了真实可靠的科学依据。与此同时，每一架次的火场飞行，都能将瞬息万变的火场情况记录下来，反馈到扑火指挥部，便于决策者采取应急措施，及时调整火场兵力，修正扑火方案，以较快的速度将火魔制服。

（4）航空护林是扑救森林火灾的重要手段

赢得时间就会得到扑火的主动权，时间就是胜利。飞机发现火情及时，扑火行动快捷，能够在短时间内对火场实施各种扑火措施，将林火扑灭在初发阶段。目前广泛开展的机降扑火，机动灵活，行动迅速，调整兵力及时，为扑火赢得宝贵的时间，扑火效率大为提高。

（5）空中直接灭火是实现"早发现、行动快、灭在小"方针的重要举措

利用飞机对森林火灾进行空中直接灭火是森林防火先进国家的一个发展趋势。不断提高航空护林空中直接灭火能力，是我国航空护林的发展方向。目前采用的固定翼机群航空化学灭火、直升机吊桶（囊）扑火，都是行之有效的空中直接灭火手段。机群航空化学灭火能够集中空中优势，连续将药液喷洒在火头火线上，减弱火势，阻止林火蔓延，不仅为地面扑火队伍创造了有利的扑火条件，同时可以达到将小火直接扑灭的目的。这两种先进科学技术的采用，极大地提高了空中直接灭火能力，有效地保护了森林资源的安全。

（6）航空护林在森林防火中的作用举足轻重不可替代

航空护林是世界先进国家森林防火的主要手段，是随着科学技术的日新月异而快速发展的。在我国，随着综合国力的不断增强，航空护林投入的加大，其在森林防火中的作用愈来愈突出，地位越来越稳固。随着业务范围的不断扩大，森林防火越来越离不开航空护林。

不仅如此，航空护林的作用还体现在森林防火工作的多个方面，诸如空中扑火指挥员的培训、赴火场第一工作组在火场协调指挥扑火、扑火物资装备的补充、火场急救、领导视察林区、抢险救灾等。随着科学技术的进步和森林防火事业的发展，航空护林在保护森林资源安全，维护林区社会稳定，促进生态环境建设和社会经济可持续发展中的作用将更加突出。

【本章小结】

本章主要内容包括国外航空护林简况、中国航空护林概况、航空护林的地位和作用，重点了解什么是航空护林，航空护林在森林保护中起到的作用以及我国航空护林的发展历程。

【思 考 题】

1. 北方航空护林总站负责的区域有哪些？
2. 南方航空护林总站负责的区域有哪些？
3. 航空护林的地位和作用是什么？

第**2**章

航空基础知识

　　航空护林是利用飞机对森林火灾进行预防和扑救的一种重要手段，是森林防火的重要组成部分和措施，是我国现阶段先进的防火、灭火措施。森林火灾是一种突发性强、破坏性大、处置救助较为困难的自然灾害，航空护林的任务之一就是为森林消防服务，因此，航空护林的性质属于抢险救灾的社会公益性事业。

　　飞机，是航空护林工作使用的基本工具，既是获取第一手资料的空中载体，又是迅速监测地面情况和实施扑灭森林火灾的交通工具。飞机的飞行、森林火灾的发生等，都与气象因素密切相关，所以，深入了解航空基础知识，对指导航空护林工作具有现实的意义。

2.1　飞机的发展史

　　人类自古以来就梦想着能像鸟一样在太空中飞翔。2000 多年前中国人发明的风筝，为后面的飞机的产生提供了灵感，可以称为飞机的鼻祖。18 世纪，法国造纸商蒙戈菲尔兄弟因受碎纸屑在火炉中不断升起的启发，用纸袋聚热气做实验，使纸袋能够随着气流不断上升。1783 年 6 月 4 日，蒙戈菲尔兄弟在里昂安诺内广场做公开表演，一个圆周为 110 英尺①的模拟气球升起，这个气球用糊纸的布制成，布的接缝用扣子扣住。兄弟俩用稻草和木材在气球下面点火，气球慢慢升了起来，飘然飞行了 1.5 英里②。乘坐蒙戈菲尔兄弟制造的气球的第一批乘客是一只公鸡、一只山羊，还有一只丑小鸭。同年 9 月 19 日，在巴黎凡尔赛宫前，蒙戈菲尔兄弟为国王、王后、宫廷大臣及 13 万巴黎市民进行了热气球的升空表演。11 月 21 日下午，蒙戈菲尔兄弟又在巴黎穆埃特堡进行了世界上第一次载人空

---

　　①　1 英尺 = 0.3048 米；

　　②　1 英里 = 1.609 千米。

中航行，热气球飞行了 25 分钟，在飞越半个巴黎之后降落在意大利广场附近。

美国有一对兄弟在世界的飞机发展史上做出了重大的贡献，他们就是莱特兄弟。从 1900 年至 1902 年他们兄弟进行了 1 000 多次滑翔试飞，终于在 1903 年 12 月 17 日，莱特兄弟进行了人类历史上的首次有动力、可操纵持续飞行试验。试验中，飞机成功地飞行了约 260 米距离。新闻界对莱特兄弟的突破进行了广泛的报道。但这一成功并未引起美国政府及公众的重视和承认，欧洲国家对此则干脆表示难以置信。莱特兄弟于 1909 年获得美国国会荣誉奖。同年，他们创办了"莱特飞机公司"。这是人类在飞机发展的历史上取得的巨大成功。

当然，飞机在现代战争中的作用更为惊人。不仅可以用于侦察、轰炸，而且在预警、反潜、扫雷等方面也极为出色。在 20 世纪 90 年代初爆发的海湾战争中，飞机的巨大威力有目共睹。当然，飞机在军事上的应用给人类也带来了惨重灾难，对人类文明产生了毁灭性破坏。但是和平利用飞机，才是人类发明飞机的初衷。德国设计师奥安在新型发动机研制上最早取得成功。1939 年 8 月 27 日奥安使用他的发动机制成 He – 178 喷气式飞机。1939 年 9 月 14 日世界上第一架实用型直升机诞生，它是美国工程师西科斯基研制成功的 VS – 300 直升机。20 世纪 20 年代飞机开始载运乘客，第二次世界大战结束初期美国开始把大量的运输机改装成为客机。著名的有前苏联生产的安 – 22、伊尔 – 76；美国生产的 C – 141、C – 5A、波音 – 747；法国的空中客车等。

2.2　飞机的构成及其飞行原理

2.2.1　飞机机体的结构组成

自从世界上出现飞机以来，飞机的结构形式虽然在不断改进，飞机类型不断增多，但到目前为止，除了极少数特殊形式的飞机之外，大多数飞机都是由下面 6 个主要部分组成，即：机翼、机身、尾翼、起落装置、操纵系统和动力装置。它们各自具有其独特的功用。

2.2.1.1　机身

机身主要用来装载人员、货物、燃油、武器和机载设备，并通过它将机翼、尾翼、起落架等部件连成一个整体。在轻型飞机和歼击机、强击机上，还常将发动机装在机身内。

2.2.1.2　机翼

机翼是飞机上用来产生升力的主要部件，一般分为左右两个翼面。

机翼通常有平直翼、后掠翼、三角翼等。机翼前后缘都保持基本平直的，称平直翼；机翼前缘和后缘都向后掠的，称后掠翼；机翼平面形状呈三角形的，称三角翼。前一种适用于低速飞机，后两种适用于高速飞机。近来先进飞机还采用了边条机翼、前掠机翼等平面形状。

左右机翼后缘各设一个副翼，飞行员利用副翼进行滚转操纵。即飞行员向左压杆时，左机翼上的副翼向上偏转，左机翼升力下降；右机翼上的副翼下偏，右机翼升力增加，在

2 个机翼升力差作用下飞机向左滚转。为了降低起飞离地速度和着陆接地速度，缩短起飞和着陆滑跑距离，左右机翼后缘还装有襟翼。襟翼平时处于收上位置，起飞着陆时放下。

飞机的机翼在飞机诞生之初，机翼的形状千奇百怪，有的像鸟的翅膀，有的像蝙蝠的黑翼，有的像昆虫的翅膀；有的是单机翼，有的是双机翼。到第二次世界大战时，虽然绝大多数飞机"统一"到单机翼上来，但单机翼的位置又有上单机翼、中单机翼和下单机翼之分，其形状有平直机翼、后掠机翼、三角机翼、梯形机翼、变后掠角机翼和前掠角机翼之别。

2.2.1.3 尾翼

尾翼分垂直尾翼和水平尾翼两部分。

（1）垂直尾翼

垂直尾翼垂直安装在机身尾部，主要功能为保持飞机的方向平衡和操纵。

通常垂直尾翼后缘设有方向舵。飞行员利用方向舵进行方向操纵。当飞行员右蹬舵时，方向舵右偏，相对气流吹在垂尾上，使垂尾产生一个向左的侧力，此侧力相对于飞机重心产生一个使飞机机头右偏的力矩，从而使机头右偏。同样，左蹬舵时，方向舵左偏，机头左偏。某些高速飞机，没有独立的方向舵，整个垂尾跟着脚蹬操纵而偏转，称为全动垂尾。

（2）水平尾翼

水平尾翼水平安装在机身尾部，主要功能为保持俯仰平衡和俯仰操纵。低速飞机水平尾翼前段为水平安定面，是不可操纵的，其后缘设有升降舵，飞行员利用升降舵进行俯仰操纵。即飞行员拉杆时，升降舵上偏，相对气流吹向水平尾翼时，水平尾翼产生附加的负升力（向下的升力），此力对飞机重心产生一个使机头上仰的力矩，从而使飞机抬头。同样飞行员推杆时升降舵下偏，飞机低头。

超音速飞机采用全动平尾，即将水平安定面与升降舵合为一体。飞行员推拉杆时整个水平尾翼都随之偏转。飞行员用全动平尾来进行俯仰操纵。其操纵原理与升降舵相同。

某些高速飞机为了提高滚转性能，在左、右压杆时，左、右平尾反向偏转，以产生附加的滚转力矩，这种平尾称为差动平尾。

有些飞机的水平尾翼放在机翼前边，这种飞机称为鸭式飞机。这时放在机翼前面的水平尾翼称为鸭翼或前翼。也有一部分飞机没有水平尾翼，这种飞机称为无尾飞机。

现在有些飞机还采用了三翼面的布局方法，也就是说既有机翼前面的前翼，也有机翼后面的水平尾翼。

2.2.1.4 起落装置

起落装置的功用是使飞机在地面或水面进行起飞、着陆、滑行和停放。着陆时还通过起落装置吸收撞击能量，改善着陆性能。

早期陆上飞机起落装置比较简单，只有 3 个起落架，而且在空中不能收起，飞行阻力大。现代的陆上飞机起落装置包含起落架和改善起落性能的装置两部分，且起落架在起飞后即可收起，以减少飞行阻力。改善起落性能的装置主要有起飞加速器、机轮刹车、减速伞等。

水上飞机的起落架由浮筒代替机轮。

2.2.1.5　操纵系统(飞行控制系统)

飞机操纵系统是指从座舱中飞行员驾驶杆(盘)到水平尾翼、副翼、方向舵等操纵面,用来传递飞行员操纵指令,改变飞行状态的整个系统。早期的操纵系统是由拉杆、摇臂(或钢索)组成的纯机械操纵系统。现代飞机在操纵系统中采用了很多自动控制装置,因而,通常把它称为飞行控制系统。

2.2.1.6　动力装置

飞机动力装置是用来产生拉力(螺旋桨飞机)或推力(喷气式飞机),使飞机前进的装置。采用推力矢量的动力装置,还可用来进行机动飞行。现代的军用飞机多数为喷气式飞机。喷气式飞机的动力装置主要分为涡轮喷气发动机和涡轮风扇发动机两类。

2.2.2　飞机飞行的基本原理

空气流动的速度变化后,还会引起压力变化。当流体稳定流过一个管道时,流速快的地方压力小,流速慢的地方压力大。

飞机在向前运动时,空气流到机翼前缘,分为上下两股,流过机翼上表面的流线,受到凸起的影响,使流线收敛变密,流管(把 2 条临近的流线看成管子的管壁)变细;而流过下表面的流线也受凸起的影响,但下表面的凸起程度明显小于上表面,所以,相对于上表面来说流线较疏松,流管较粗。由于机翼上表面流管变细,流速加快,压力较小,而下表面流管粗,流速慢,压力较大。这样在机翼上、下表面出现了压力差。这个作用在机翼各切面上的压力差的总和便是机翼的升力。其方向与相对气流方向垂直;其大小主要受飞行速度、迎角(翼弦与相对气流方向之间的夹角)、空气密度、机翼切面形状和机翼面积等因素的影响。当然,飞机的机身、水平尾翼等部位也能产生部分升力,但机翼升力是飞机升空的主要升力源。飞机之所以能起飞落地,主要是通过改变其升力的大小而实现的,这就是飞机能离陆升空并在空中飞行的奥秘。

2.3　飞机分类及其主要性能、概念

2.3.1　飞机分类

(1)按飞机的用途分类

有民用航空飞机和国家航空飞机之分。国家航空飞机是指军队、警察和海关等使用的飞机;民用航空飞机主要是指民用飞机和直升飞机,民用飞机指民用的客机、货机和客货两用机。

其中,军用飞机按用途可分为战斗机、攻击机、轰炸机、战斗轰炸机、侦察机、运输机、教练机、预警机、电子战飞机、反潜机等。

①目前西方国家将战斗机分为四代:

第一代:亚音速战斗机——代表机型:美制 F - 86、苏制米格 - 15、中国歼 - 5 等。

第二代:强调超音速性能的战斗机——代表机型:美制 F - 4、苏制米格 - 21、中国

歼 – 7 等。

第三代：强调多用途的超音速战斗机——代表机型：美制 F – 16、F – 15、苏制米格 – 29、苏 – 27 等。

第四代：强调隐身性能的多用途超音速战斗机——代表机型：美制 F – 22、F – 35。

在我国战斗机又称为"歼击机"，攻击机称为"强击机"，另从战斗机中分出"截击机"，但现在已很少使用"截击机"这一名称。

②我国的国产军用飞机名称一般以其机型分类的第一个字再加上序号构成，如歼击机中有歼 – 5、歼 – 6；轰炸机中有轰 – 5、轰 – 6 等，我国已装备部队的各种机型名称如下：

歼击机(战斗机)——歼 – 5、歼 – 6、歼 – 7、歼 – 8、歼 – 10、歼 – 11。

强击机(攻击机)——强 – 5。

轰炸机——轰 – 5、轰 – 6、歼轰 – 7。

水上轰炸机——水轰 – 5。

教练机——初教 – 5、初教 – 6、歼教 – 5、歼教 – 6、歼教 – 7、k – 8。

运输机——运 – 5、运 – 7、运 – 8、运 – 11、运 – 12。

直升机——直 – 5、直 – 8、直 – 9、直 – 11。

我国的军用飞机序号一般从 5 开始，以上都是我国已投产的飞机型号，当中缺少序号的如直 – 6、直 – 7、运 – 10 等机型表示该机已设计但因种种原因未投产。

我国民航总局采用按飞机客座数划分为大、中、小型飞机，飞机的客座数在 100 座以下的为小型，100 ~ 200 座之间为中型，200 座以上为大型。按航程远近分为短、中、远程飞机，航程在 2400 千米以下的为短程，2400 ~ 4800 千米 之间为中程，4800 千米以上为远程。但分类标准是相对而言的。

(2)按飞机发动机的类型分类

有螺旋桨飞机和喷气式飞机之分。螺旋桨史飞机，包括活塞螺旋桨式飞机和涡轮螺旋桨式飞机。飞机引擎为活塞螺旋桨式，这是最原始的动力形式。它利用螺旋桨的转动将空气向机后推动，借其反作用力推动飞机前进。螺旋桨转速愈高，则飞行速度愈快。喷气式飞机，包括涡轮喷气式和涡轮风扇喷气式飞机。这种机型的优点是结构简单，速度快，一般时速可达 500 ~ 600 英里*；燃料费用节省，装载量大，一般可载客 400 ~ 500 人或 100 吨货物。

(3)按飞机的发动机数量分类

有单机(动机)飞机、双发(动机)飞机、三发(动机)飞机和四发(动机)飞机之分。

(4)按飞行的飞行速度分类

有亚音速飞机和超音速飞机之分。亚音速飞机又可分低速飞机(飞行速度低于 400 千米/小时)和高亚音速飞机(飞行速度马赫数为 0.8 ~ 0.9)。多数喷气式飞机为高亚音速飞机。

(5)按飞机的航程远近分类

有近程、中程、远程飞机之别。远程飞机的航程为 11 000 千米左右，可以完成中途不

---

* 1 英里 = 1.6093 千米。

着陆的洲际跨洋飞行。中程飞机的航程为 3000 千米左右。近程飞机的航程一般小于 1000 千米。近程飞机一般用于支线，因而又称支线飞机。中、远程飞机一般用于国内干线和国际航线，又称干线飞机。

（6）按飞行分类

①根据飞行任务性质分类　航空运输飞行、通用航空飞行、训练飞行、检查试验飞行和公务飞行。

②根据飞行区域划分　机场区域内飞行、航线飞行和作业区飞行。

③按照昼夜时间划分　昼间飞行和夜间飞行。昼间飞行是指从日出到日落之间的飞行；夜间飞行是指从日落到日出之间的飞行。

④按照气象条件划分　简单气象条件飞行和复杂气象条件飞行。

⑤按照驾驶和领航技术划分　目视飞行（VFR）和仪表飞行（IFR）。

目视飞行的避让规则：在同一高度上对头相遇，各自向右避让，并保持 500 米以上的间隔。在同一高度上交叉相遇，飞行员从座舱左侧看到另一架航空器应当下降高度，从右侧看到另一架航空器应上升高度。在同一高度上超越前机，应当从航空器的右侧超越，并保持 500 米以上的间隔。单机应当主动避让编队或者拖拽物体的航空器，有动力装置应主动避让无动力装置的，战斗机应当主动避让运输机。

（7）按照飞行高度分类

可分为超低空飞行、低空飞行、中空飞行、高空飞行和平流层飞行。

①超低空飞行　100 米以下离地面或水面；

②低空飞行　100（含）～1000 米；

③中空飞行　1000（含）～6000 米；

④高空飞行　6000（含）～12 000 米（含）；

⑤平流层飞行　>12 000 米。

我国的航空护林基本上都是超低空、低空、中空飞行，除西南航空护林总站所属成都站、西昌站和丽江站在川西、滇西北局部林区进行巡护飞行外，极少有 7000 米以上的高空飞行。

（8）按照自然地理条件分类

有平原飞行、丘陵地区飞行、高原山区飞行、海上飞行和沙漠飞行。就我国的航空护林而言，东北和内蒙古林区属于丘陵、平原地区飞行。西南林区属于高原（山区）飞行，在这类地区实施航空护林作业，情况较为复杂，难度也比较大。

2.3.2　飞机的主要性能、概念

飞机作为一种交通工具，除了客货载量这一主要性能之外，还有许多本身性能。了解和掌握这些性能的概念及其数据，对于航空护林飞行具有重要的现实意义。

2.3.2.1　飞机的外形尺寸

飞机的外形尺寸，通常指飞机的机长、机高、翼展（直升机为旋翼直径）。

（1）机长

机长是指飞机基准线处于水平位置时，沿基准线方向从最前端到最后端的总长。最前端和最后端通常按前、后所有突出部位和突出物(如机头部进气口中心锥、空速管、机尾航行灯、静电放电刷、电子警戒装置等)中突出最远的点来确定。

(2)机高

机高是指飞机在一定重量及轮胎规定充气压力下停放于水平地面,从上端最高点到地面的垂直距离。

(3)翼展

翼展是指沿垂直于飞机对称面的方向,机翼两端翼尖的距离。

(4)旋翼

由旋翼桨毂及与其连接的桨叶组成的主要升力部件称为旋翼,又称为升力螺旋翼、主旋翼,简称升桨、主桨。旋翼是直升机升力的主要来源。通常在直升机上安置一副或几副有 2~8 片的大直径旋翼,既为直升机提供升力,也是直升机的主要操纵面,使直升机在大气中能够垂直起降、悬停并进行可控飞行。

2.3.2.2　飞机的重量

飞机的重量是飞行性能计算中的重要原始数据。在喷气运输机性能计算和实际营运中经常使用的重量有:

(1)飞机空机重量

飞机空机重量指飞机出厂时的重量。

(2)飞机结构重量

飞机结构重量指空机重量与某些系统中固定油重量及出厂时机上工具重量之和。

(3)飞机基本重量

飞机基本重量指除商载(旅客、货物、邮件)和燃油以外,已完全做好执行任务准备的飞机重量,即基本重量 = 结构重量 + 滑油重量 + 随机工具设备重量 + 服务设备重量 + 空勤组重量。

(4)起飞重量

起飞重量指飞机起飞时的重量。起飞重量 = 基本重量 + 商务重量 + 燃油重量。

(5)最大起飞重量

最大起飞重量是指在标准气压条件下飞机起飞的重大重量。即当飞机开始起飞滑跑松开刹车时的最大结构限制重量,也是防止飞机结构受损的结构限制重量。

(6)允许最大起飞重量

飞机受机场条件、气温、航程、飞机结构强度、标高等条件限制而不能按最大起飞重量起飞,此时所能够允许的起飞重量,称为允许最大起飞重量。

(7)最大滑行重量

在最大起飞重量之外多加一定数量的燃油,供飞机在地面滑行时消耗,并在起飞前消耗用尽,不影响飞机最大起飞重量。最大滑行重量指飞机在滑行全部重量的最大限额。

(8)最大着陆重量

最大着陆重量又称最大落地重量。它是飞机在着陆接地时允许的最大结构限制重量,是根据飞机的起落架和机体结构所能承受的冲击力而规定的不能超过的重量。一般大型飞机的最大着陆重量小于其最大起飞重量。中型飞机的最大着陆重量等于或略小于最大起飞重量。小型飞机的最大着陆重量等于其最大起飞重量。

（9）最大无燃油重量

最大无燃油重量指除燃油以外飞机允许的最大结构重量。是飞机受机翼和机身结合处结构强度的限制造成的，在飞机没有燃油时，是飞机基本重量和业务载重量（商载量）的总和所不能超过的重量。现代大型飞机的燃油一般都装在机翼中，而客货则装在机身的客货舱内。在飞行中，机翼中的燃油重力与机翼升力的一部分相抵消，可以减少机翼应力。假设在机翼中少装燃油，而在机体中多装客货，往往会增加机翼的应力，使机翼负荷超过限度。所以从机翼强度来考虑，必须规定最大无燃油重量，即对最大商载量作出限制。

（10）最大商载量

最大商载量又称业务载重量，是指飞机最多客货载量之和，包括旅客、货物、邮件。以 B707 - 320B 型客机为例，其基本重量约 64 吨，最大商载量约 24 吨，最大无燃油重量 = 64 + 24 = 88 吨。

【例 1】B707 - 320B 型客机的最大起飞重量约 150 吨，减去基本重量 64 吨，等于 86 吨。这 86 吨为可用载重，是用来装载旅客、货物、邮件和燃油的，但不允许任意调配，假如旅客、货物、邮件和燃油的重量之和不到 86 吨，最大商载量也不能超过 24 吨的规定。

【例 2】前苏联 TB - 2 - 117A、米 - 8 型直升机空重 7261 千克、总重约 12 000 千克（视为最大起飞重量），用于森林航空消防，在标准大气压条件下，最大商载量在 4500 千克以内，可乘旅客 28 人。

飞机的飞行重量变化较大。飞机的小时耗油量是随着飞机的重量而变化的。喷气式飞机飞行重量的变化大于活塞式小飞机。例如：活塞式飞机 Ел - 14 型，每小时耗油量为 4900 千克，按 3.5 小时的航程计算需耗油 1400 千克，如果起飞重量为 19 吨，则飞机从起飞到着陆，飞行重量的变化量仅占起飞重量的 7%。而 B737 - 200 型飞机，飞行同样的航程，耗油在 8750 千克左右，如果按 56 吨起飞重量计算，则飞行重量变化为 16%。对于远程飞行的 B747SP 来讲，从旧金山到上海需要飞行 13 小时，耗油约 130 吨，以 315 吨的起飞重量计算，飞行重量变化达 41%，当然，飞行时间的长短还受风速、风向的影响，导致同一距离飞行时间不同，耗油量也不同。

2.3.2.3　飞机的飞行速度

空速，即飞机对空气运动的速度。空速用 V 表示，单位为千米/小时。飞机上的空速是通过仪表读取的，表上的刻度是按在海平面、标准大气压的条件下制定的，是经过不同因素修正的空速。通常有以下 5 种：

（1）仪表指示空速

这是空速表刻度盘进行了"海平面、标准绝热压缩流"修正后的皮托式空速表的读数。

（2）指示空速

指示空速又称表速，是修正了仪表误差后的仪表指示空速。

（3）校正空速

校正空速是经过仪表误差修正和位置误差修正后的空速表读数。

（4）当量空速

当量空速是经过仪表误差、位置误差和具体高度的绝热压缩流修正后的空速表读数。

（5）指示空速

指示空速又称真空速，是指经过各种修正后得到的空速。在实践中，常用的飞行速度有：

①最大飞行速度 指发动机在一定工作状态下（加力状态、最大状态、额定状态），飞机等速直线水平飞行所能达到的最高速度。通常取发动机最大油门状态下的平飞速度。

②经济飞行速度 单位时间内发动机燃料消耗最低时的水平飞行速度。

③巡航速度 指发动机每千米消耗燃料最少的情况下的飞行速度。巡航速度一般是最大飞行速度的 0.85 ~ 0.9 倍。

④最低飞行速度 指飞机在不降低高度情况下的飞行速度。飞机在同样的飞行状态下，速度越大，所消耗的燃油就越多。飞机的几种飞行速度中以巡航速度较为经济，飞行距离也较远。

⑤失速速度 指飞机在水平飞行中由最大可用升力系数（配平）所对应的飞行速度。飞机低于此速度时将不能保持平飞、甚至造成高度下降或尾旋。

⑥爬升率 指飞机在单位时间内爬升的高度，单位为米/秒。爬升率随着飞行高度的增加而降低，因为高度增加，发动机的推力下降，所以爬升率减小。当接近升限时爬升率接近于零。

2.3.2.4 飞机的飞行高度和航程

飞行高度是飞机从某一基准水平面到地面的铅（垂）直距离，是飞行性能的重要参数。通常以米或英尺为单位。飞机上常用的是气压式高度表（但往往与无线电高度表配合使用）。由于大气压强随着高度的增加而减小，根据标准大气压强与高度的对应关系，高度表测出压强数值，就能够表示出高度的高低，这时的高度，也称气压高度。

标高是指地表某处高出或低于海平面的高度。所以，标高有正、负之分，高出海平面为正，低于海平面为负。

根据气压高度基准面的不同，把飞行高度分为：

（1）绝对高度

绝对高度指飞机到平均海平面的垂直距离。

（2）相对高度

相对高度指飞机到机场平面的垂直距离。

（3）标准气压高度

以标准气压平面（760 毫米水银柱高）为基准面，按标准大气的气压递减率测量的高度。

（4）真实高度

从飞机到其所在位置正下方地面的垂直距离。

（5）有利高度

有利高度是指飞机每小时燃料消耗量最小的飞行高度。低于这个高度飞行时，高度越低，空气密度越大，要保持与有利高度相等的飞行速度，每小时燃料消耗量就会增大，航程就会减少。

（6）安全高度

安全高度是指保证飞行安全，飞机与地面障碍物的最低飞行高度。按我国目前规定，航线飞行时的安全高度，可根据飞行任务性质、飞机的性能、飞行区域的地形地势、天气和航线等情况，合理配备。在一般情况下，平原地带应高出航路中心线的两侧各 25 千米范围内的最高标高为 400 米。高原、山区地带应高出航线两侧各 25 千米范围以内的最高标高为 600 米。

在同一航路、航线有数架飞机运行并互有影响时，应将每架飞机安排在不同的高度层内，安排在不同高层有困难时，可允许在同一航路、航线、同高度层飞行，但各飞机之间必须保持规定的纵向间隔。但飞行安全若受到威胁时，可向飞行管制部门报告，待管制部门批准后改变原配高度层。

（7）升限

升限是指飞机能保持等速直线水平飞行状态的最大高度。

（8）实用升限

实用升限是指飞机在最大功率状态下爬升时，上升率为 5 米/秒时的高度。在这个高度水平上，飞机仍然有一定的活动能力。

（9）最大航程

最大航程又称转场航程。即在无风和标准大气条件下，飞机不带有效载荷，以最大允许燃料量在有利高度上用巡航速度飞行，当燃料基本耗尽时飞机所飞行的距离。这段距离就是飞机上升、平飞、下滑三阶段的飞行轨迹在地面投影距离之和。

（10）续航时间

续航时间又称航时。是飞机耗尽可用燃油所能持续飞行的时间，单位为小时。

（11）燃油消耗量

燃油消耗量指飞机发动机每小时消耗的燃油量。

（12）最大携油量

最大携油量指飞机所有油箱满载时燃料的总重量。

（13）活动半径

活动半径指飞机在以任务所需的起飞重量在无风的状态下不进行空中加油并考虑备用和其他耗油条件下，飞到目标上空，完成指定任务后返回原机场所能达到的最远距离。单位为千米。

（14）起飞滑跑距离

起飞滑跑距离指飞机由起飞线开始加速滑跑，直至离地为止所经过的水平距离，单位为米。

（15）着陆滑跑距离

着陆滑跑距离指飞机由接地点起、经减速滑跑、直至完全停止所经过的水平距离，单位为米。

（16）悬停

悬停指直升机保持在空中某一位置，相对于地面不移动也不转动的飞行状态。悬停是直升机特有的性能，广泛用于空降、急救、索（滑）降扑火、目标监视、武器发射、建筑吊装、起吊、吊放等作业。

2.3.2.5　关于飞机的噪音

飞机的噪音可以引起飞机结构的疲劳破坏，影响机载仪器设备的正常工作和乘客的舒适安全，而且对机场和附近居民的生活、工作构成干扰，影响人的健康。因此，对飞机的设计和运用以及机场的设置提出了要求和限制。国际民航组织早在 1971 年就制定了《航空器的噪音》规定，这一规定已成为国际民航的公约。随着科学技术的进步和人们环境意识的提高，对有关噪音标准的规定，也在不断变化和提升。目前解决噪音的污染，除了不断改进飞机发动机设计外，对机场的选择也力求避开城镇，并多采用下滑坡度较陡的进近程序。此外，有的机场还实行了"宵禁"措施，即在夜间至黎明不准飞机起飞、着陆、试车，以保证附近居民的安宁生活。

2.4　航空护林气象知识

森林防火工作中的火险等级预报，就是根据当地的气象资料与火灾的关系进行综合分析后作出的判断。当森林火灾发生时，当地的气温越高，风速越大，长期没有降水或只有少量降水，森林火灾发生几率就会高，火灾蔓延速度就会快，扑救难度也会加大，其损失也会增加。所以，了解气象有关知识十分必要。

航空护林是森林防火工作的重要组成部分。组织、实施飞行和扑救森林火灾，离不开合适的气象条件。飞机在大气环境中飞行，每种飞机都有其适合飞行的气象条件，飞机的起飞、平飞、下降、着陆，对气象条件都有严格的要求，这是确保飞行安全的重要条件。所以，航空护林工作者必须掌握有关的气象知识。

2.4.1　气象学的概念

地球被一层深厚的空气包围着，这层空气称为地球大气或者简称为大气。在厚度不等的大气中，不断地进行着各种物理过程，经常发生着风、云、雨、雪、寒、暖、干、湿、光、声、电等各种物理现象。研究大气中所发生的各种物理现象和物理过程的科学称为气象学。

大气状态和物理过程是用综合的定量因子和定性因子表示的，这就是气象要素。气象要素繁多，主要气象要素有：空气温度（气温）、空气压力（气压）、空气湿度（湿度）、风向及风速、云量和云状、降水量、能见度、太阳辐射、地球和大气的辐射、土壤温度和蒸发量等，以及雾、雷暴等天气现象。各种气象要素之间互相联系，互相影响，互相制约，甚至形成了瞬息万变的天气。

天气和气候不可混为一谈，天气是气候的基础，气候是天气的综合。二者既有联系，又有区别。天气，是指某地在短时间内（几小时、几天），各种气象要素的综合状况，即大气状态。我们平时听到的天气预报中的气温多高、风向何方、风速多大、有无降水、有无沙尘天气、空气质量如何等，就是大气状态用各个气象要素表述当地的情况。由于天气的复杂多变，不同时间、不同地区，天气会不同。同一地区、不同时间，天气也会不同。这种变化可以概括为周期性和非周期性两类变化。气象要素的日变化和年变化属于周期性变化，这主要取决于太阳辐射、地球自转和公转等常定天文因素的影响，其变化规律明显、且易预测。但诸如寒潮、台风、暴雨、冰雹等非周期性气象灾害，与气团、锋面、气旋和反气旋等天气系统的生成、消失、加强、减弱和移动有关。

气候，是一个地方多年天气状况的综合，是长时间的天气特征，它不仅含概一个地区多年来出现的天气状况，也包括特殊年份偶见的极端天气状况。

气象学研究的对象是大气。大气是由多种气体（氮、氧、氩、氖、氦、氪、氙、二氧化碳、氢、臭氧等）、水汽和固（液）态悬浮粒子混合组成的。在铅直（垂直）方向上，将大气分为 5 层：对流层、平流层、中层、热层和外逸层。

2.4.1.1　对流层

对流层是接近地面的大气层，其厚度在赤道地区约为 17 ~ 18 千米，在中纬度地区平均为 10 ~ 12 千米，在极地约为 8 ~ 9 千米。对流层集中了整个大气质量的 3/4 和几乎所有的水汽。大气中的各种天气现象和天气变化都发生在对流层中。它是天气变化最复杂的层次，其变化与人类的生产、生活息息相关，对飞机的飞行、森林火灾的扑救都有较大影响。对流层有 3 个显著特点：

（1）气温随高度上升而降低

由于下垫面的不同，地面吸收太阳辐射和本身的反辐射各异，对流层主要从地面获得热量，随着高度的增加，气温自然递减。气温随着高度的增加而递减的程度大小，称为气温直减率。在对流层平均每上升 100 米，气温下降 0.65℃。

（2）空气具有强烈的对流和湍流运动

由于地面的不均匀加热，使空气产生上升和下沉的对流运动，高层和低层的空气得以交换和混合，使得近地面的热量、水汽、固体杂质向上输送，从而兴云致雾。在对流层中，对流和湍流的强度因纬度、季节的不同而有所变化。低纬度地区，对流和湍流较强，高纬度地区较弱。同一地区，夏季较强，冬季较弱。

（3）各种气象要素水平分布不均匀

由于受地表不同的下垫面的影响，使得空气经常进行着水平运动，导致对流层中各种气象要素的水平分布不均匀。尤其是气温和湿度，在水平分布上差异较大。

需要特别强调两点：即对流层中的摩擦层和近地面层。在对流层中，从地面到 2 千米以内，气象上称为摩擦层，也称为扰动层或大气边界层。这层大气受地表热力作用和摩擦作用最大，湍流交换较强盛，水汽充足，气温的日变化明显，经常出现低云和雾等天气现象，直接影响生产和飞行安全。

在摩擦层中，从地面 100 米高度被称为近地面层，在近地面层，气温、湿度、风速等气象要素的变化最为强烈，某些气象要素可以在短时间内和短距离内，发生意想不到的剧烈变化，对飞机的起飞、着陆和超低空飞行影响最大，直接危及飞行安全。

2.4.1.2　平流层

平流层位于对流层顶之上，约延伸到 50 千米的高度，这一大气层称为平流层。平流层的显著特点是：臭氧含量高，吸收紫外线能力强，气温随高度的升高而增加。平流层中水汽稀少，较少兴云致雾，水平风速较大，大气结构稳定，垂直运动较小，飞机在飞行中阻力较小，不会产生颠簸。

2.4.1.3　中层

从平流层顶到约 85 千米的大气层称为中层。其显著特点是气温随高度的升高而降低，每上升 1 千米气温降低 3.5℃。

2.4.1.4 热层

从中层到热层顶的大气被称为热层。其高度随太阳活动强弱而变化，在太阳宁静期，约为 250 千米；在太阳活动期，可以达到 500 千米。其显著特点是气温随高度的增加而迅速升高和大气处于高度的电离状态。

2.4.1.5 外逸层

热层顶以上大气层称为外逸层，是地球大气和星际空间的过渡层。其显著特点是大气成分是由氦和氢组成，大气很稀薄，且处于电离状态，温度极高。气体粒子运动速度很快，地球引力极小，气体粒子极易外逸，成为星际空间的成员。

2.4.2 基本气象要素及天气现象

气温、气压、湿度是描述大气状态的三个基本气象要素，其变化直接影响着天气，反映了大气中所进行的各种物理过程。

2.4.2.1 气温

表示空气冷热程度的物理量，称为气温。它是大气物理状态的重要特性，是空气分子平均动能大小的表现。度量物体温度的高低，按照一定的方法规定温度的零点和分度，即定量地表示物体温度所选定的标尺，称为温标。常用的温标有 3 种：

(1)摄氏温标

规定在一个大气压下水的冰点为零度，沸点为 100 度，中间分成 100 等份，每个等份为 1 度。摄氏温度用℃表示。我国和世界上大多数国家都采用摄氏温标。

(2)热力学温标

热力学温标也称绝对温标或开氏温标。是以冰、水和水汽平衡共存的三相点定为此温标的 273.16 度，并以分子热运动的动能等于零的绝对零度作为该温标的零点。其温度间隔与摄氏温标相同，用 K 表示。

(3)华氏温标

规定在一个大气压下水的冰点为 32 度，沸点为 212 度，中间分成 180 等份，每个等份为 1 度。华氏温标用 F 表示。

3 种温标的换算关系为：$C = \dfrac{5}{9}(F - 32)$；$K = C + 273.16$；$F = \dfrac{9}{5}(C) + 32$

气温时刻在发生着变化，气温变化的实质是空气内能在发生着变化。空气与外界进行热量交换，使内能增减而引起的气温变化，称为气温的非绝热变化。空气与外界不发生热量交换，因外界压力变化导致空气膨胀或压缩而引起的温度变化，称为气温的绝热变化。

气温的非绝热变化是空气与外界交换热量，其交换方式有以下 5 种：

(1)辐射

太阳是一个表面温度极高的炽热气体球，能够发射大量的短波辐射能，是地面和大气最根本的能源。地面和大气在获得太阳辐射的同时，依据本身的温度不停地向外释放出长波辐射，大气主要依靠吸收地面的长波辐射而增热。

(2)传导

依靠分子的热运动传递热能，这种由较热物体向较冷物体传输热量的过程，称为传导。地面与空气之间或相邻的空气之间，当有温度差异时，就会通过传导的方式交换热量。

（3）对流

当暖而轻的空气上升时，周围冷而重的空气便会下降补充，空气的这种升降运动称为对流。通过对流，使上下层空气互相混合，热量随之得到交换。对流是大气对流层热量交换的重要方式。

（4）湍流

空气的不规则运动称为湍流，也称乱流。湍流是由于空气受热不均匀，气层之间发生摩擦或空气流经粗糙地面而产生的。通过湍流，上下层空气及相邻空气团之间发生混合，热量得以交换。

（5）蒸发（升华）和凝结（凝华）

水在蒸发或冰在升华时要吸收热量。相反，水汽在凝结（凝华）时会放出潜热。蒸发（升华）产生的水汽，被带到别处凝结（凝华），就会使热量得到传送。通过蒸发（升华）和凝结（凝华）能使地面和空气之间、气团之间发生热量交换。

由于受太阳辐射、下垫面性质、大气运动等因素的影响，气温在不断发生着变化。下垫面是指大气底部在发生热量和水分交换的过程中能与大气层发生相互影响的表面，比地面的概念更为广泛，草面、水面、冰面、林冠面等均包括在下垫面之中。

气温的日变化规律是在一日之内有一个最高值和一个最低值。两值之差称为气温日较差。由于地面附近的大气主要依靠吸收地面辐射而被加热，因此其温度大致与地面温度同步增减。日出以后，太阳辐射逐渐增强，正午达到最强，此时地面获得的热量大于支出的热量，温度升高，气温也随之升高。到午后一定时刻，太阳辐射逐渐减弱，地面收支的热量相等，地面温度达到一天之中的最大值，这个时刻一般出现在午后 13：00 左右。由于地面的热量传递给空气需要一定的时间，所以最高气温出现在午后 14：00 前后。日落以后，太阳辐射为零，地面仍放射辐射，净失热量，直到清晨日出时地面储存的热量减至最少，此时出现一天之中的最低气温，即最低气温出现在日出前 1 小时。

气温年变化的显著特征是春夏秋冬周而复始。由于地球上各处的太阳高度角不同，太阳直射的纬度在春夏秋冬各异，形成了气温的年变化。

2.4.2.2　气压

气压是大气压强的简称，是指在物体表面的单位面积上，空气分子运动所产生的压力。气压的大小与高度、温度、密度等密切相关，一般情况下，气压随着高度的增加有规律的递减。通常用测量高度上单位横截面积上的垂直大气柱的重量来表示气压。气压的单位有两种：即百帕和毫米水银高，分别用符号 hPa 和 mmHg 表示。1 毫米水银柱等于在温度为摄氏零度、重力加速度为 980.665 厘米/（秒·平方米）、水银密度为 13.595 克/立方厘米条件下，1 平方厘米面积上所受到的高为 1 毫米水银柱的重量。在气象学中规定，把温度为 0℃、纬度为北纬 45°的海平面气压，称为一个大气压，其值为 760 毫米水银柱，或相当于 1013.25 百帕。

（1）本站气压

本站气压是指气象台（站）气压表所在高度处气压。它是气象台站测量气压和研究气压变化的最基本数据，也是推算其他各种气压值的基础。

（2）场面气压

场面气压是指机场跑道上的气压。一般规定为机场跑道面3米高处的气压，约相当于飞机停在跑道上时，飞机气压表所在高度的气压。《国际民用航空公约》规定，用着陆跑道入口端最高处的气压，代替机场标高处的气压。场面气压是调整飞机气压高度表的依据，对测定飞行高度的准确性至关重要。因为气压误差1毫米水银柱造成气压高度表示度10米左右的误差，所以，必须根据场面气压校正气压高度表，才能做到准确无误。

（3）标准海平面气压

标准海平面气压是指标准状况下的海平面气压，其数值为760毫米水银柱或1013.25百帕。为了使飞机在航线上飞行时保持规定的飞行高度，确保飞行安全，必须按照统一的标准海平面气压数值拨定气压高度表。

气压随高度的增加而递减，因为高度越高，空气柱越短，密度越小，气压就越小。

气压随时间的变化而变化，一天当中，有一个最高值和最低值，还有一个次高值和次低值。最高值和最低值分别出现在当地地方时9：00~10：00和15：00~16：00，次高值和次低值分别出现在当地地方时21：00~22：00和3：00~4：00。一年当中，气压因海陆、纬度、季节不同而变化。一般陆上大于海上，高纬度大于低纬度。在北半球大陆上，气压冬季（1月）最高，夏季（7月）最低。

气压的分布状况称为气压场。三维空间的气压分布称为空间气压场。某一平面上的气压分布称为水平气压场。表示气压场的方法有等压线、等压面和气压梯度。等压线是气压值相同各点的连线；等压面是空间气压相等的各点组成的面；气压梯度是一个向量，它的方向垂直于等压面从高压指向低压，它的大小等于沿这个方向单位距离的气压差。气压场的基本形式有5种，统称气压系统。

①低压　由闭合等压线构成的中心气压比四周气压低的区域称为低压，又称气旋。其空间等压面向下凹陷，形如盆地。

②高压　由闭合等压线构成的中心气压比四周气压高的区域称为高压，又称反气旋。其空间等压面向上凸起，形如山丘。

③低压槽　由低压延伸出来的狭长区域称为低压槽，简称槽。在槽中各条等压线弯曲最大处的连线叫槽线。槽附近的空间等压面形如山谷。

④高压脊　由高压延伸出来的狭长区域称为高压脊，简称脊。在脊中各条等压线弯曲最大处的连线叫脊线。脊附近的空间等压面形如山脊。

⑤鞍形气压区　两高压和两低压相对组成的中间区域称为鞍形气压区，简称鞍。其空间等压面形如马鞍。

2.4.2.3　湿度

空气湿度是表示空气中水汽含量和潮湿程度的物理量。大气中的水汽来自于海洋、湖泊、湿地、潮湿土壤和植物等表面的蒸发。水汽进入大气以后，由于其本身的分子扩散和气流的运动而散布大气之中。在一定的条件下，水汽会发生凝结，兴云驾雾，形成云、雾、降水等天气现象。表示湿度的物理量有：

（1）绝对湿度（a）

单位体积湿空气中所含的水汽质量，称为绝对湿度，又称水汽密度，单位为克/立方厘米。绝对湿度直接表示出空气中水汽的绝对含量。空气中的水汽含量越多，绝对湿度就越大。

（2）水汽压（e）

在湿空气中水汽的分压，称为水汽压。它是大气压强的一部分，单位与气压的单位相同，用百帕或毫米水银柱表示。

在温度一定的情况下，单位体积空气中能够容纳的水汽数量有一定的限度，若水汽含量达到这个限度，空气就称为饱和空气。饱和空气的水汽压，称为饱和水汽压（E），也称最大水气压。饱和水汽压的大小与温度关系密切，温度越高，饱和水汽压越大。

（3）比湿（q）

湿空气中水汽质量和总质量之比，称为比湿，单位是克/千克。

（4）相对湿度（f）

相对湿度是空气中实际水汽压与同温度下的饱和水汽压的百分比。相对湿度的大小直接反映空气达到饱和的程度。相对湿度越小，表明空气离饱和越远。相对湿度接近100%时，说明空气接近饱和状态。相对湿度随大气中的水汽含量、气温而变化。当水汽压不变时，气温升高，饱和水汽增大，相对湿度会减小；反之，气温降低，相对湿度会增大。

（5）露点（td）

当空气中水汽含量不变且气压一定时，如果气温不断降低，使空气达到饱和时的温度，称为露点温度，简称露点。其单位与气温相同。

气压一定时，露点的高低只与空气中的水汽含量有关，水汽含量越多，露点越高。

2.4.2.4　风

空气的水平运动叫做风。风与飞行的关系极为密切。飞机的起飞着陆、飞行高度的选择、领航、飞机活动半径及燃油消耗的计算等，都必须考虑风的影响。

风是一个矢量，既有方向，也有速率。

在气象学中，风向是指风的来向，地面风向通常用16个方位来表示。空中风向用0~360°来表示。例如：空气自南向北运动，称为南风（180°风）。空气由西向东运动，称为西风（270°风）。

在领航学中，为了计算方便，风向是指风的去向，称为航行风向，它同气象风正好相差180°。

单位时间内空气在水平方向上移动的距离，称为风速。风速的单位有3种：米/秒、千米/小时、海里/小时。三者的换算关系为：1米/秒 = 3.6千米/小时，1海里/小时 = 1.852千米/小时。

风向、风速一般通过仪器和目测判定。目测判定风向的方法是，在确定好当地的地理方位以后，仔细观察风袋、旗子、炊烟、树枝、树叶及尘土等被风吹的方向，空气的来向就是风向。风速的判定通常依据风力等级表（表2-1）中的海面和渔船征象、陆地地物征象判定。

表 2-1　风力等级表

等级	名称	陆地地物征象	相当风速	
			米/秒	千米/小时
0	无风	静，烟直上	0 ~ 0.2	< 1
1	软风	烟能表示风向	0.3 ~ 1.5	1 ~ 5
2	轻风	人面感觉有风，树叶有微响	1.6 ~ 3.3	6 ~ 11
3	微风	树叶及微枝摇动不息，旌旗展开	3.4 ~ 5.4	12 ~ 19
4	和风	能吹起灰尘和纸张，树的小枝摇动	5.5 ~ 7.9	20 ~ 28
5	清劲风	有叶的小树摇摆，内陆的水面有小波	8.0 ~ 10.7	29 ~ 36
6	强风	大树枝摇动，电线呼呼有声，张伞困难	10.8 ~ 13.8	37 ~ 49
7	疾风	全树摇动，大树枝弯下，迎风步行不便	13.9 ~ 17.1	50 ~ 61
8	大风	可折坏树枝，迎风步行感觉阻力甚大	17.2 ~ 20.7	62 ~ 74
9	烈风	建筑物有小损坏(烟囱顶部及屋顶瓦片移动)	20.8 ~ 24.4	75 ~ 88
10	狂风	陆上少见，可使树木拔起，建筑物吹坏	24.5 ~ 28.4	89 ~ 102
11	暴风	陆上很少，有则损毁严重	28.5 ~ 32.6	103 ~ 117
12	飓风	陆上绝少，摧毁力极大	32.7 ~ 36.9	118 ~ 133

一般把平均风速达到 12 米/秒以上的风，称为大风。各类飞机在起飞着陆时所能承受的最大风速不同。航空护林飞机大多数属于小型飞机，能够承受的最大风速比客机和货机要小的多。

2.4.2.5　云

悬浮在空中的小水滴或(和)小冰晶组成的可见聚合体，叫做云。云不仅反映当时的大气运动、大气稳定度和水汽情况，而且能预示未来天气的变化。云对飞机起飞、着陆等有重要影响。天空中的云千姿百态，形状各异，中国民用航空总局根据飞行需要，将云分为 3 族 14 类：即低云族有淡积云(Cu)、浓积云(Tcu)、碎积云(Fc)、积雨云(Cb)、层积云(Sc)、层云(St)、碎层云(Fs)、雨层云(Ns)、碎雨云(Fn)；中云族有高层云(As)、高积云(Ac)；高云族有卷云(Ci)、卷层云(Cs)、卷积云(Cc)。

云的外貌叫做云状。通过观测云的形状、结构、层次、颜色演变，可以判定由其带来的天气现象。

(1)淡积云(Cu)

淡积云底部平坦，顶部呈圆弧凸起，云块孤立分散，云体的垂直厚度小于水平宽度。从云的上方观测，如同飘浮在空中的棉絮团。云的厚度通常为几百米。

(2)浓积云(Tcu)

浓积云个体比淡积云高大，顶部呈重叠圆弧形，底部比较阴暗。从空中观察，云体如巨塔，各个云顶伸展高度不一，在阳光照射下光耀夺目。云的厚度一般在 2000 ~ 5000 米。浓积云可降阵雨，有时可降倾盆大雨。

(3)碎积云(Fc)

碎积云个体很小，云状破碎，形状多变，往往是被风吹散的积云或初生的积云。

（4）积雨云（Cb）

由浓积云发展而成，云体十分高大，厚度通常为 5000～12 000 米，有时可达 14 000 米。从空中观察，云体高大，顶部模糊，如马鬃倒向一边，向阳部分十分明亮，背阳部分比较阴暗。积雨云的底部十分阴暗，有时呈悬球状或滚轴状，伴随出现的天气现象有雷电、大风、阵性降水，有时还会降冰雹，偶尔有龙卷风发生。因此，飞行条令明确规定，禁止在积雨云中飞行。

（5）层积云（Sc）

由灰色的云块、云片或云条组成的云层，云块较大，结构松散。从云上观察，云顶有明显的起伏，似大海中的波涛。云的厚度为几百米，有时可达 2000 米。层积云有时可下小雨或小雪。在我国东北地区的冬季，由于气温低，层积云有时呈冰晶结构，云层较薄，云上飞行时可见地标。发展强盛时云层增厚，可降阵雪。

（6）层云（St）

层云是低而灰白的云幕，像雾，却不与地面接触，云底模糊，云高只有 50～500 米。从云上观察，云顶起伏，朦胧不清。云下能见度差，有时可下毛毛雨。

（7）碎层云（Fs）

云体呈破碎的不规则片状，云薄而低，随风漂移，常常是由层云分裂或雾抬升而形成的。

（8）雨层云（Ns）

云底呈均匀幕状，看不出明显的结构，水平分布很广，遮蔽整个天空。云层很厚，通常有 3000～6000 米，所以云底阴暗。雨层云往往造成长时间的连续性降水。

（9）碎雨云（Fn）

云体低而破碎，形状多变，移动较快，通常只有 50～300 米，呈灰色或暗灰色，常在降雨区中形成。

（10）高层云（As）

高层云是灰白色或灰色的云幕，云底常有条纹结构，水平范围很广，布满整个天空。隔着云层日月轮廓模糊，好像隔了一层毛玻璃，此种云称为透光高层云。云层厚而阴暗，隔着云层看不见日月轮廓，称为蔽光高层云。从云上观察，云顶有时比较平坦，有时由多层云层组成，稍有起伏。云高一般在 2500～5000 米。蔽光高层云可降雨雪。

（11）高积云（Ac）

高积云云块较小，轮廓分明薄的云块呈白色，厚的云块呈暗灰色。云块有时零散地分布在天空，有时有秩序地排列。从云上观察，云顶光滑而有起伏，云块有时紧密相连成层，有时则彼此分离，透过云隙可以看到下面的云或地面。

（12）卷云（Ci）

云体具有纤维状结构和丝一般的光泽，常呈白色丝条状、羽毛状、钩状、片状等。透过卷云通常可以看到地面或低的云层。

（13）卷层云（Cs）

卷积云是呈乳白色的云幕，透过云层日月轮廓清楚，地物有影，在日月周围常有一个彩色的晕圈。

（14）卷积云（Cc）

云块很小，呈白色鱼鳞片状，排列整齐，很像微风吹拂水面形成的小波纹。

2.4.2.6 降水

云雾中的水滴或冰晶降落到地面的现象，称为降水。降水的种类主要有：雨、毛毛雨、雪、米雪、霰、冰雹、冰粒、冰针等。衡量降水多少的标准有降水量和降水强度。

降水量是指降水在地面上所形成的水层的深度，以毫米为单位。

降水强度一般指单位时间内降水量的多少，有时用降水时的水平能见度来判定降水强度的大小（表2-2）。

表 2-2 降雨强度

强度 \ 类别		小雨	中雨	大雨	暴雨
雨量（mm）	1 小时以内	≤2.5	2.6～8.0	8.1～15.9	≥16
	24 小时以内	<10.0	10.0～24.9	25.0～49.9	≥50

2.4.2.7 能见度

能见度是一种描述大气状态的物理量，也是一种重要的气象要素。一般用目标的能见距离来表示能见度。

目标的能见距离，是指视力正常的人在当时天气条件下，能从背影中识别出目标物的最大距离。能见度分为气象能见度（又称地面能见度）和空中能见度（又称飞行能见度）两种。

能见度是判定飞行气象条件好坏的依据，也是决定机场是开放还是关闭、飞机起飞着陆是采用目视飞行还是仪表飞行的依据，它对航行活动的影响极大。

空中能见度是指飞机在空中飞行时，透过座舱玻璃观测地面或空中目标的能见度。空中能见度又可分为水平能见度、垂直能见度、倾斜能见度3种。

2.4.2.8 雾

雾是悬浮于地面气层中的大量水滴或冰晶，使水平能见度低于1千米的天气现象。能见度等于或大于1千米而小于10千米时，称为轻雾。雾的下界是地表面，上界高度（即雾的厚度）变化范围很大，低的不到2米，高的可达几百米到上千米。当雾的厚度不足2米时，称为浅雾。雾与云的根本区别是：雾的下界面与地面相连，而云的下界面与地面分离。

雾的形成过程是近地面空气达到饱和，水汽凝结（或升华）成水滴（或冰晶）的过程。根据雾的形成过程，可以分为：辐射雾、平流雾、锋面雾、蒸发雾、上坡雾等。

（1）辐射雾

由辐射冷却作用而形成的雾。辐射雾多出现在晴朗、微风、近地面水汽充沛的夜间或凌晨。一般在日出前后最浓，尔后随着气温的升高，雾滴蒸发，雾由浓变淡，逐渐消散。一年中，辐射雾在秋冬季出现最多。

（2）平流雾

由暖湿空气经过冷的地面逐渐冷却而形成的雾。平流雾范围广，可以绵延几百甚至几千千米。平流雾厚度大，一般可达几百米至几千米。平流雾的形成条件有两个：一是暖湿空气与冷地面之间有较大的温差；二是有适宜的风向和风速(2~7米/秒)。一天当中，只要具备形成条件，平流雾在任何时刻都可以出现，只要条件继续存在，雾就能维持不散。一年当中，平流雾以春夏出现最多。在我国大陆，平流雾主要出现在沿海地区，随着季节的推移，暖空气势力增强，平流雾也由南向北发展。

(3)锋面雾

锋面雾多出现在暖锋前后。锋前的雾主要是锋上暖空气的暖雨滴降至锋下冷空气中蒸发，使冷空气达到饱和而形成的。锋后的雾主要是由暖湿空气移至原来为冷空气控制的地面上，冷却而形成的。锋面雾随锋线一起移动，雾区呈带状分布，长度可达几百千米。我国的锋面雾出现在南方梅雨季节的暖锋前后和华南静止锋活动的地区。

(4)蒸发雾

由暖水面蒸发而形成的雾。冷空气从大陆流向海洋，或夜间陆地上的冷空气流经暖的江河湖泊等水面时，由于暖水面的强烈蒸发，可形成蒸发雾。蒸发雾经常出现在秋冬季，雾的厚度较薄，一般为几米至几十米。

(5)上坡雾

湿空气沿山坡上升，经绝热冷却而形成的雾。

2.4.2.9　霾

霾是大量尘埃、烟粒等杂质浮游在空中，导致水平能见度小于10千米的天气现象。当霾出现时，空气浑浊，山脉、森林等深色景物呈浅蓝色，太阳呈淡黄色。

霾的产生可能是本地空气杂质造成的，也可能由别的地方漂移而至。霾一般出现在逆温层下面，有时出现在近地面的气层中，有时出现在空中的某一层次上。霾的浓度一般随高度的增加而增大，在逆温层顶下面，能见度最差。每年西南林区的春航期，有的站(基地)时有霾出现，对飞行观察影响颇大。

2.4.2.10　气团和锋

(1)气团

同一时间占据广大空间的大团空气。在水平方向上，其物理属性(主要指温度、湿度和稳定度)的分布比较均匀；在垂直方向上，各处的物理属性分布比较相似。气团控制下的天气特点也大致相同，气象要素的变化不太剧烈，这种大团空气称为气团。气团占据的空间很大，其水平范围可达几百到几千千米，常占据整个大陆或海洋。气团的垂直范围由几千米到十几千米，可以伸展到对流层顶。所以气团是对流层内水平方向物理属性较为均匀的大块空气。

气团离开源地移动到一个新的地域时，随着下垫面性质等外界条件以及气团内部物理过程的改变，其物理属性随时间的推移不断变化，这个过程称为气团的变性。

气团分为冷气团和暖气团。气团向着比它暖的下垫面移动，称为冷气团。向着比它冷的下垫面移动，称为暖气团。也有根据相邻两气团之间的温度对比，把温度较高的称为暖气团，把温度较低的称为冷气团。在北半球，自北向南移动的气团多为冷气团。自南向北移动的气团多为暖气团。在中纬度地区，冬季从海洋移到大陆的气团多为暖气团，从大陆移到海洋的气团多为冷气团。而在夏季则相反。

冷气团和暖气团的性质不同，形成的天气特点也不同。

冷气团的天气特点是：当冷气团移到较暖的地面后，它经过的地区变冷，而本身逐渐增热，由于低层增温，气温直减率增大，气层趋于不稳定，有利于对流的发展。夏季，当冷气团中水汽含量较多时，在中午和午后常形成积雨云，甚至出现阵性降水和雷暴，对飞行造成较大影响。冬季，冷气团中水汽含量较少，多为少云甚至碧空天气，飞行气象条件比较简单。冷气团中的天气日变化比较明显，中午和午后地面增温时，对流和湍流容易发展，风速也较大。夜间和清晨地面降温，气层趋于稳定，风速也小。在冷气团中对流活跃，能见度一般较好，但当有雾或空气中带有沙尘时，能见度则较差。

暖气团的天气特点是：暖气团移经较冷的地面后，它所经过的地区变暖，而本身却逐渐冷却，由于冷却从低层开始，气温直减率变小，气层趋于稳定，有时会形成逆温或等温层，通常具有稳定性的天气特点。如暖气团中水汽含量较多，能形成很低的层云、层积云，有时还会降毛毛雨或小雨雪。由于低云的厚度只有几百米，可以穿过云层在云上平稳飞行。有时因低层空气迅速冷却，形成平流雾，尤其是冬季从海洋移至我国大陆的暖气团，容易形成这种天气，能见度变差，目视飞行造成困难。若暖气团比较干燥，天气就较好，多为少云或无云。

在冬季，影响我国的气团主要是中纬度大陆气团和热带海洋气团。前者来源于西伯利亚和蒙古一带，也称西伯利亚气团。当其经过陆地直接南下时，所经之地的气温急剧下降，天气寒冷而干燥。后者来源于副热带太平洋、印度洋或南海海面，也称为南海气团。这种暖湿气团，经常进入到我国西南地区，特别是云南高原，形成了湿润、亚湿润的中亚热带季风气候。云南的气候特征是：光照充足，终年温暖，四季不明，降水较丰，但阳光和降水分布都不均，一年中有干、湿二季，而且气候的垂直分布明显。

在夏季，影响我国的气团较多，大部分地区主要是受热带太平洋气团的影响。当这种气团在我国南部或东南部海上登陆时，常出现显著的不稳定天气，特别在浙江、福建的山区和南岭附近，由于地形的抬升作用，常有雷暴形成。

（2）锋

锋是温度和密度差异很大的两个气团之间的交界面，又称为锋面。锋的垂直厚度约为1千米，水平宽度在近地面约数10千米，在高层可达400千米以上。锋面的水平范围可延伸数百甚至数千千米，最高处可以延伸到对流层顶。锋面和地面的交线称为锋线，简称锋。锋面与高空某一水平面或垂直面相交的区域称为锋区。

根据锋的移动情况，可以分成暖锋、冷锋、准静止锋和锢囚锋。

①暖锋　暖气团向冷气团一方推移所形成的锋，称暖锋。

②冷锋　冷气团向暖气团一方推移所形成的锋，称冷锋。

③准静止锋　冷、暖气团相持，移动很缓慢呈准静止状态的锋，称准静止锋。

④锢囚锋　冷锋比暖锋移动快，当冷锋赶上暖锋时，两个之间的暖气团被迫抬升至冷锋后的冷气团和暖锋前的冷气团之上，此时形成的锋称为锢囚锋。

2.4.3　云和降水对飞行的影响

飞行与大气和气象环境有密切关系。专门研究飞行活动和气象条件、飞行活动与气象保障的学科，称为航空气象学。前面简介的各种气象要素和飞行重要天气(雷暴、低空风切变、大风、低云、飞机颠簸、飞机积冰、浮尘等)对飞行都有着重要影响。

2.4.3.1　在云和降雨条件下飞行

在这种天气条件下飞行，不仅能见度差，而且可能产生飞机积冰、颠簸、雷击等情况，因此，云和降雨对飞行有很大影响。云对飞机飞行的影响，主要是影响飞机起飞、着陆，造成飞机积冰、使飞机发生颠簸等。

(1)低云妨碍飞机的正常起飞、着陆

云高和能见度是决定飞行气象条件的主要因素，当层云、碎层云、碎雨云出现时，云层的高度很低，造成飞机不能正常起飞或着陆。由于云层低，空气湿度大，容易出现降水，且能见度差，给飞行安全带来隐患，迫使飞行停止，甚至关闭机场、取消飞行活动。

(2)云中飞行可能发生飞机颠簸

由于飞机在云中飞行时受湍流的作用，使飞机出现忽上忽下、左右摇晃的颠簸现象，直接危及飞行安全。在各类云中飞行，都有可能产生一定程度的飞机颠簸，尤其在积雨云中飞行时，飞机颠簸的程度会更为强烈。

(3)云中飞行可能产生飞机结冰

飞机积冰是指飞机表面聚集冰层的现象，是由云中过冷水滴在飞机表面冻结的结果。在含有冷水滴的云中和混合云中飞行，都有可能产生飞机积冰。强的积冰会对飞行安全构成严重威胁。

2.4.3.2　降水对飞行的影响

降水对飞行的影响不亚于云对飞行的影响，主要影响有以下两个方面：

(1)降水使能见度降低

降水使能见度降低的原因是雨水在飞机座舱玻璃上形成水膜，折射光线，使能见度降低。因降水的种类、强度和飞机的飞行速度不同，降水造成能见度降低的程度各异。降水越大，能见度越差。当飞机着陆时，降水使飞行员难以准确判定飞机离跑道的高度，容易造成飞机接地不良。

过冷雨滴造成飞机积冰温度在摄氏零度以下尚未冻结的雨滴或毛毛雨，称为过冷雨滴。飞机在过冷雨滴的降水区飞行，雨滴打在飞机上以后会立即积冰，由于雨滴比云滴大，所以积冰强度也大。

降水产生的碎雨云妨碍飞机起飞、着陆。在降水区内，由于低空湿度大，容易产生碎雨云，云高只有 50 ~ 300 米，严重影响飞机起飞、着陆。

(2)降水影响跑道的使用

降水影响跑道使用的原因是跑道上有积雪、结冰和积水。跑道上积雪较厚，致使滑跑的飞机地面阻力增大，对飞机的起、降不利。跑道上有冰层，使飞机轮胎与冰层间的摩擦力减小，滑跑的飞机不易保持方向，易造成飞机滑出跑道。跑道有积水时，滑跑飞机轮胎与道面间有一层水膜，使摩擦力减小，飞机着陆滑跑距离增大，易造成飞机冲出或偏离跑道。

【本章小结】

本章内容为航空基础知识，从飞机的发展史、飞机的构成及其飞行原理、飞机分类、飞行分类、航空护林气象知识等几个方面来学习。第一节内容介绍飞机的发展史；第二节为飞机的构成及其飞行原理，讲述了飞机机体由机身、机翼、尾翼、起落装置、操控系统、动力装置 6 部分组织，并简单介绍了飞机飞行的基本原理；第三节阐述了飞机和飞行的分类及主要性能和概念；第四节重点介绍了航空护林的气象知识，包括气象学的概念、基本气象要素、天气现象、云和降水对飞行的影响。

【思 考 题】

1. 简述飞机机体的构成。
2. 飞机飞行按照飞行高度划分包括哪几类？
3. 飞机飞行按照自然地理条件划分包括哪几类？
4. 飞机飞行按照航空远近划分包括哪几类？
5. 飞机的外形尺寸包括哪几个方面？
6. 飞机的重量包括几种形式？
7. 大气分为哪几层？
8. 简述相对湿度的概念。
9. 云的分类有哪些？

第 **3** 章
航空护林基础设施建设和管理

3.1 航空护林(场)站建设标准和规模

3.1.1 航空护林基础设施设备建设标准的制定与现状

航空护林基础设施设备建设是林业基本建设中的特殊行业，建设内容和建设技术要求自成体系，因而要有适合自身运作的建设标准，并应该明确其要达到的项目建设水平、技术要求和标准。随着科学技术的进步，事业的发展，管理水平的提高，各行各业基础建设逐步走向正规，纷纷出台了各自的建设标准。特别是近几年，行业的事业和标准建设，都有了长足发展，而航空护林基础设施设备建设标准相对较为滞后。

我国自 1952 年开展航空护林工作以来，那时因经济、技术等条件的限制，虽然搞了些基础设施、设备建设，但都比较简单，也缺少统一的标准；1987 年开始，林业部颁布了《护林防火机场工程技术标准》(LYJ 116—1987)(简称《防火机场标准》)，并首先在东北林区按此《防火机场标准》实施。为有效控制森林火灾，保护森林资源，保护生态安全，发挥航空护林在森林防火中的尖兵作用，落实"早发现，行动快，灭在小"航空护林基本方针。国家制定、颁布了《航空护林基础设施、设备建设标准》，加强和完善航空护林基础设施、设备建设，在当前形势下显得尤其迫切和必要。

3.1.2 航空护林基础设施设备建设原则

航空护林基础设施设备建设，一般应遵循如下基本原则：

①因地制宜，实事求是的原则 航空护林建设要根据当地的实际情况，从实际出发确定各自的建设重点和项目内容。

②经济性、实用性和先进性相结合的原则 避免好高骛远，摆花架子，浪费资金，坚

持建为所用，与航空护林事业发展相适应。

③突出重点，兼顾一般的原则　规划、设计、建设要考虑行业特点，在保证关键部位的前提下，分别轻重、缓急，以高标准、高质量报批建设项目内容，并经批准后再按基本建设程序运作。

④分步实施、逐步完善的原则　要立足现状，着眼未来，结合资金情况，确定建设规模和项目，并分步骤启动项目建设。

⑤科技优先、持续发展原则　尽可能按现代化水平提高设施设备的科技含量，同时考虑未来发展和更新升级。

⑥统一规划、统一配备、整体提高原则　着眼行业全局，尽可能统一工程规划，统一设施设备规格和型号。

3.1.3　航空护林基础设施设备建设内容

航空护林基础设施设备建设按工程建设项目分，有土建工程和设备工程；按专业建设区域分，有飞行区、工作区、生活区。其主要内容如下：

(1)土建工程

主要设施包括跑道、停机坪、滑行道、油库、围墙、航空化学灭火药库、物资库、烟囱、深水井、综合办公楼、塔台、发射台、食堂、餐厅、锅炉房、健身室、警卫室、车库、机组宿舍、机降训练塔等。不同类型的机场，各类设施建筑面积不同。

(2)保障设备

①各类飞行保障用的通信导航设备　如单边带、台式甚高频130、手持式130电台、台式对讲机、手持式对讲机、AFTN电报终端、50~100瓦导航台和夜航助航设备等。

②飞行指挥设备　包括航行调度指挥台和工作台、航管自动录音系统、飞行(包括火灾)动态电子显示板、1:50万地形图台、1:20万扑火指挥图、投影仪、传真机、复印机、网络终端、台式电脑、地理信息三维展示台等。

③气象设备　如风向标、风向风速仪、气压仪、气象卫星云图接收机、小型气象观测站等。

④公用和特种车辆　包括电源车、运油车、加油车、消防车、越野指挥车、通勤车、公务车、小型客货车、大型货车等。

⑤航油保障设备　如卧式储油罐、储油库泵站、储油库避雷设备等。

⑥扑火设备　如吊桶、索(滑)降设备、航空化学灭火药剂搅拌设备等。

⑦供电、供水、供热设备　如备份发电机、充电机、锅炉、水泵等。

⑧业务专用设备　如GPS、空中侦察标绘系统、求积仪、数码摄、录像设备、图像传输设备等。

3.1.4　林业自建机场基础设施设备配备分级

林业自建航空护林机场分级，是航站设施设备配备的重要依据。目前在东北、内蒙古林区主要参照"固定翼护林机场飞行区主要技术标准"进行建设；根据航站所处的地理位置、机场权属、森林资源和火灾发生情况、巡护面积、停放飞机架数、机型和机场使用性质等因素，可以将航站分为 3 类：即林业自建固定翼机场航站；林业自建直升机机场航站和依托军、民航机场的航站。

林业自建航站按照飞机类型、停放飞机架数、使用性质和任务，适当加以区分，例如，在东北、内蒙古林区将林业自建固定翼机场航站分别以"林－1""林－2""林－3"表示；林业自建直升机机场航站分别以"林－直""林－临"表示；依托军、民航机场的航站，其规模和管理方式基本一致，属于一个等级，即以"林－特"表示。

3.1.5　航空护林基础设施建设有关技术标准和指标

3.1.5.1　固定翼机场飞行区主要技术标准

林－1、林－2、林－3 型航空护林机场的飞行区技术指标，按《民用航空运输机场飞行区技术标准》（MHJ 1—1985）等相应规定执行，详见表 3－1。

3.1.5.2　固定翼护林机场飞行区部分技术指标项目说明

（1）升降带

升降带是指飞机起飞、降落的地带。包括跑道和在跑道长宽基础上加长加宽的安全区；升降带的长度即跑道长度加上跑道两端向外延伸的距离之和（按机场等级和技术标准所规定）；升降带的宽度即跑道中线及其延长线向两侧（按机场等级、技术标准规定）的延伸距离之和，如林－1 机场升降带长 2120 米、宽 150 米。

（2）内水平面

内水平面是指高出机场高程 45 米的一个平面，从跑道两端入口中点的平均高程起算，其范围为：以跑道两端入口中点为圆心，以机场等级、技术标准所规定的半径画出的圆弧，然后用和跑道中线相平行的两条直线与这些圆弧相切形成的一个近似椭圆形。

（3）过渡面

过渡面是从升降带两侧边缘和进近面部分边缘开始，按机场等级、技术标准所规定的坡度向上、向外倾斜，自到与内水平面相交的复合面。

（4）进近面

进近面是在跑道入口前的倾斜的平面或几个平面的组合。进近面的起端自升降带末端开始，其起算高程为跑道入口中点的高程，按机场等级、技术标准规定的宽度和长度向上、向外延伸，直到进近面的外端；进近肌的起端与外端平行。

（5）锥形面

锥形面是从内水平面的周边开始以 1/20 坡度向上和向外倾斜，其高度从内水平面的高程起算，直到按机场等级、技术标准所规定的外缘高度为止。

3.1.5.3　有关机场建筑物的几项要求

机场的房屋和构筑物，应当建在跑道的同一侧，其高度应按照净空规定、位置应符合下列要求：

①航空化学灭火药剂仓库：距离跑道侧边不少于 70 米；距办公、住宿、饮用水源及休息地点不少于 50 米，且应位于下风方向。

②航油库或装满油料的油罐（油桶）：距离跑道侧边及房屋、构筑物等不少于 100 米；距离停机坪、装料场不少于 50 米。

③水池、搅拌药池、药堆和加水设备：距离跑道侧边不少于 35 米。

3.1.5.4 机场基础工程验收标准

跑道、滑行道、停机坪竣工后，要根据资料和现场检验，并按以下指标进行验收：

①混凝土的强度与现场养生的质量：试件总数的 95%，1% 不低于设计强度的 85%。

②道面平坦度：相邻两块的高差不大于 2 毫米，用 2.5 米的水平标尺按块检查时，大于 3 毫米、小于 5 毫米的空隙不得超过检查块数的 40%，大于 5 毫米、小于 10 毫米的不得超过 2%，不允许出现大于 15 毫米的空隙。

③道肌厚度：最大误差不得超过设计标准 ±5 毫米，同时负误差不得大于检查总数的 10%。

④接缝的完整性：要求纵横顺直、宽度均匀；接缝完度与设计宽度误差不大于 ±3 毫米；嵌缝的填料应饱满，并与道面持平。

⑤道面的尺寸和位置应与设计相符。

⑥道面的竣工高程与设计高程误差不得超过 ±5 毫米。

⑦板面的完整性：道面不应有石子外露、脱皮剥落、各种印迹、结瘤以及缺角裂缝等现象。

3.1.5.5 林一直型机场飞行区主要技术标准

（1）道面的长、宽

海拔高度在 500 米以下，长 80 米，宽 30 米；海拔高 500～1000 米，长 100 米，宽 30 米；海拔高 1000 米以上，每增加 100 米，跑道长度应按照海拔高 500～1000 米的规格增加 10 米。

（2）平整度

直径 3 米范围内起伏高差不超过 5 厘米；纵坡不大于 15%，横坡不大于 2%、不小于 1%。

（3）净空条件规定

机场净空长 2080 米，宽 530 米；端净空，由跑道端线与边线相交处起，以平面 15° 角向外扩展，直到净空区边界为止，对障碍物高度限制坡度为 1/20；侧净空，由侧边界线加端净空侧边起到净空区边界止，对障碍物高度限制坡度为 1/10。

表 3-1 固定翼护林机场飞行区主要技术标准

序号	机场等级和机型 项目	林-1 Y-8	林-2 Y-7	林-3 Y-5、Y-12
1	要求跑道长度（米）	2000	1400	500
2	跑道宽度（米）	50	30	30
3	跑道道肩宽度（米）	5×2	1.5×2	1.5×2
4	升降带平整范围宽度（米）	150	60	60
5	端安全道长度（米）	60×2	30×2	30×2
6	跑道纵坡： （1）有效直坡度（%） （2）两端各 1/4 之坡度（%） （3）其他部分之坡度（%） （4）两个邻接坡度变化（%） （5）两坡竖向曲线之最小半径（米）	1 0.8 1.5 1.5 15 000	2 2 2 2 7500	2 2 2 2 7500

（续）

序号	机场等级和机型 项　目	林－1 Y－8	林－2 Y－7	林－3 Y－5、Y－12
7	跑道横坡： 最大坡度(%) 最小坡度(%)	1.5 0.8	2 1	2 1
8	道肩横坡(%)	2	2	2.5
9	滑行道面和道肩总宽(米)	18	15	10.5
10	滑行道道面及道肩总宽度(米)	38	25	20.5
11	滑行道的纵坡： ①不大于(%) ②变坡竖向曲线最小半径(米)	1.5 3000	1.5 3000	3 2500
12	滑行道横坡： ①道面(%) ②道肩(%)	≥1.5 ≮0.8 ≥2 ≮1.5	≥1.5 ≮0.8 ≥2 ≮1.5	≥2, ≮1 ≥2.5 ≮1.5
13	机场净空障碍物限制尺寸和坡度： ①锥形面： 坡度 高度(米) ②内水平面： 高度(米) 半径(米) ③进近面： 起端宽度(米) 起端距跑道入口(米) 侧边散开斜率(%) 长度 坡度 ④过渡面坡度	 1/20 75 45 4000 15 60 10 3000 1/40 1/7	 1/20 35 45 2000 60 30 10 1600 1/20 1/5	 1/20 35 45 2000 60 30 10 1600 1/20 1/5

3.1.5.6　林—临机场飞行区主要技术标准

（1）起降区的外尺寸

正方形起降区长、宽或直径不小于40米，外围区由各边外延5米，场地排水坡度不小于2%。

（2）起降航道的净空要求

自起降区边线起，以1/8的纵坡向上、向外延伸到航线高度；坡面应均匀地延伸到1200米长、150米宽，在此范围内不得有任何净空障碍物存在；侧净空面坡度为1/2，自起降区边线起向上、向外延伸到离起降区和起降道中心线以外75米处，在此范围内不得有障碍物。

3.1.6　航空护林机构房屋建筑物(参考)标准

房屋建筑物标准应结合当地实际以满足生活、工作需要为前提；一般情况下，房屋建筑可分为三部分：一是飞行指挥建筑（主要包括指挥室、塔台、电台发射房等，按照实际需要确定）；二是航站办公和公用建筑（主要包括综合办公楼、车库等，在编人员按 20 ~ 30 平方米/人、辅助建筑 4 ~ 6 平方米/人确定）；三是机组人员生活建筑（包括机组宿舍、活动室等，按 20 平方米/人确定）。另外，还应考虑航空护林的专业特点，对特种车辆库房的建筑面积可适当增加。

3.1.6.1 航空护林站（基地）房屋建设（参考）标准

航空护林站（基地）房屋建设（参考）标准见表 3-2。其他，如塔台、电台发射房、警卫室、化灭药库房等辅助建筑仍按《护林防火机场工程技术标准》执行。

表 3-2 航空护林站（基地）房屋建设标准表

项目 \ 站别	单位	林－2	林－3	林－特	林－直	林－临
综合楼	平方米	3200	2900	1500	1500	1000
车　库	平方米	500	500	200	350	300
锅炉房	平方米	300	260	200	200	150

3.1.6.2 建筑等级标准

航站地面工作区和生活建筑区内各类建筑等级标准必须执行《林业局（场）民用建筑等级标准》（LYJ 111—1987）的规定；其中主要建筑不应低于乙等标准。

3.1.6.3 建筑装修标准

航站各类建筑物的内、外装修标亦按《林业局（场）民用建筑等级标准》（LYJ 111—1987）和有关规定执行；其中主要建筑物的外装修标准应在中级标准以上。

3.1.7 航空护林站主要设备标准

《航空护林场站设施、装备建设标准》（征求意见稿）设备配置重点：

3.1.7.1 增加航行地面保障设备

这是林业自建机场新增航行地面保障之必需设备。目前东北航空护林系统的林业自建航站已全部接收了航行地面保障系统，但设备较差，必须适当增加通信导航、气象观测、特种车辆、辅助设备等。

3.1.7.2 改造现有航空护林设备

多年来，用于航空护林业务的设备，有的已经陈旧，有的与现在使用的设备不能匹配，有的设备数量不足，例如，业务调度设备、飞行（火灾）动态电子显示板等，不能满足航空护林的实际需要，不同程度地影响到信息的迅速、准确的传递。因此，必须尽快逐步对现有设备改造、更新、配套、充实。

航站设备建设标准，可具体参见表 3-3。

表 3-3　航站(场)设备建设标准

类别 项目	单位	林-2 数量	林-3 数量	林-直 数量	林-特 数量	林-临 数量
1. 100 瓦以上单边带	部	2	2	2	2	
2. 台式甚高频 130 电台	部	2	2			
3. 手持式 130 电台	部	2	2	2	2	
4. AFTN 电报终端	套	2	1	1	1	
5. 航管自动录音系统	套	1	1	1	1	
6. 50~100 瓦导航台	个	1	1	1	1	
7. 传真机	台	1	1	1	1	1
8. 航行调度指挥台	个	1	1	1	1	
9. 航行调度工作台	个	1	1	1		
10. 风向标	个	1	1	1	1	
11. 风向风速仪	个	2	2	2	1	1
12. 振筒式气压仪	台	2	2	2	1	1
13. 气象卫星云图接收机	台	1	1			
14. 小型气象观测站	个	1	1			
15. 电源车	台	1	1			
16. 运油车	台	2	1			
17. 加油车	台	2	1	1	1	
18. 消防车	台	1				
19. 发电机、备份发电机	套	1	1	1	1	1
20. 充电机	个	2	1		1	1
21. 卧式储油罐(50 吨)	个	5	3	2		
22. 储油库泵站	个	2	2	1		
23. 储油库避雷设备	套	3	3	2	1	
24. 推车式灭火瓶	个	1	1	1	1	1
25. 航空护林网络终端	套	2	1	1	1	1
26. GPS	个	8	5	3		4
27. 数码摄像机	部	1	1	1	1	1
28. 数码照相机	部	1	1	1		1
29. 照相机	部	1	1	1	1	1
30. 求积仪	个	1	1	1	1	1
31. 化灭设备	套	1	1			
32. 台式电脑	台	3	3	2	1	3
33. 便携式电脑	台	2	2	1		1
34. 复印机	台	1	1	1	1	1
35. 机组生活用车	台	1	1			
36. 小型客货车	台	1	1			
37. 大型货车	台		1			
38. 吊桶	个	3	2	1	2	1

3.2 航空护林机场管理与维护

3.2.1 机场管理与维护概述

机场管理与维护之目的，是为延长机场和设施的使用期限，以保证航空护林工作的正常开展，其管理、维护一般由机场权属部门实施。机场的管理与维护，是目前机场现状的客观需要。我国林业自建机场，多处在高寒的东北、内蒙古林区。在这些地方，冬季冻害严重，夏季多雨高湿，如加格达奇、根河、扎兰屯、塔河机场，年久失修、且都曾几度被水淹没过，损害比较严重，目前都进入了高维护期。近几年来，国家对航空护林的投入不断增多，航空护林业务范围不断拓宽，机（索、滑）降扑火、吊桶灭火、航空化学灭火、航空增雨作业的飞机架数和飞行任务不断增加，特别是东北、内蒙古林区，每年的森林防火期呈现延长的趋势，这更会加剧机场和设备的耗损，显然，加强对机场的管理和维护迫在眉睫。

3.2.2 机场管理与维护的规范化

航空护林机场的管理与维护应根据实际情况、并借鉴民航成功管理经验，按照《中华人民共和国民用航空法》《民用机场管理暂行规定》《关于保护机场净空的规定》《关于飞机场附近高大建筑物设置飞行障碍标志的规定》《民用机场航空器活动区道路交通安全管理规则》和国务院 2007 年公布的《民用机场管理条例》等规定，实行规范管理，以确保机场安全。

3.2.3 机场管理的内容

机场管理的具体内容主要有：

①飞行区管理　包括飞行区场地检查、维护制度和保护净空措施。

②机场各种建筑物、设施的使用管理　包括机场所有建筑物、设备以及为驻场警卫、机降部队等提供的建筑物和设备的使用管理。

③维持机场治安秩序管理　包括保证安全起飞、着陆的有关规定。

④机场区域的边界管理　按当地政府土地部门批准手续实施。

⑤机场净空管理　包括机场附近新建、扩建项目、无线电干扰等。

⑥场容环境管理　包括机场环境保护、绿化、美化。

⑦航油储备库区管理　包括油库设施、油罐等。

⑧飞行保障管理　包括本机场允许飞行的最低气象条件，机场地区的气象特点，对接收外来飞机实行指挥、加油、地面保障等。

⑨机场收费管理　包括起降、停场、服务和建筑设施使用租金等。

⑩基础数据管理　包括机场的地理坐标、机场同附近显著地标的位置关系，机场的面积、标高、磁差、主跑道、副跑道、滑行道、停机坪、机场跑道道面 PNC 等级（PNC 值为

道面的承载强度)等有关数据。

航空护林机场的管理，在具体实施中还应注意以下方面：一是加强飞行区围界和道面的巡视检查，发现围界有漏洞或道面破损的，应及时组织力量修补；二是机场供电、助航灯光及油机等设备、设施应按《助航灯光维护规程》要求进行维护、保养；三是机场飞行区的巡场和监护跑道工作应严格按照民航总局《跑道巡视检查工作规则》执行；四是凡需进入飞行区的人员和车辆，都应获得航站或机场保安部门的同意，在机场内和停机坪上行驶的车辆必须执行《民用机场航空器活动区道路交通安全管理规则》；五是按照《中国民用航空油料工作条例》和《石油库设计规范》，做好油库设施管理、油料供应、器材设备维修，航油储备，航油化验，加油与结算；六是禁止在依法划定的民用机场范围内修建不符合机场净空要求的建筑物或设施和放养牲畜；七是在非航期行政管理部门和保障部门要加强对冬季安全用电、防火、防盗、保密、卫生等方面的管理和检查，并建立值班领导检查制度。

3.2.4　机场维护内容

要对航空护林机场建立状况档案，并以"机场资料册"的形式随时进行记载、并长期保存；对发生问题的部位适时进行维护；对机场建筑物、构筑物、设备，如指挥、通信、供油设备、特种车辆，跑道、停机坪、滑行道等，达到预期的使用寿命，必须在局部尚未破损前，适时进行维护、修补工作。

3.2.4.1　机场飞行区场地基本要求

①水泥混凝土道面必须完整、平坦，3 米范围内的高低差不得大于 10 毫米；板块接缝错台不得大于 5 毫米，且道面接缝封灌完好；若出现松散、剥落、破裂必须及时修补。

②沥青混凝土道面必须完整、平坦，3 米范围内的高低差不得大于 15 毫米；道面上不得存在可能影响航空器操纵的轮辙、裂缝、坑洼、鼓包、泛油等破损现象。

③碎(砾)石道面必须密实、平整，不得有松散、波浪形起伏、坑洼积水和大于 3 厘米深的轮辙。

④与道面或道肩边缘相接的土面，不得高于道面边缘，且不得低于道面 3 厘米。

⑤道面上的泥浆、污物、非道面用材料的砂子、松散颗粒、垃圾、橡胶沉积物、外来物及其他污物必须及时彻底清除。

⑥跑道的表面摩阻值，不得低于民航有关技术规范的规定。

⑦飞行区的土质地带均应种草，但严禁种植任何农作物；飞行区草高一般不得超过 30 厘米；在其他有灯光和助航设施的地区，必须符合该地区设施对草高的限制要求。

⑧飞行区场内排水系统要保持通畅；对淤塞、漏水等现象必须迅速排除；强制式排水设备应保证处于正常运行状态，渗水系统应保持完好、通畅。

3.2.4.2　机场维护工作的具体实施

我国的航空护林工作在西南林区，主要使用民航或军航机场，在东北、内蒙古林区，多数是使用林业自建水泥混凝土跑道道面的机场。这类机场道面损坏主要表现有：板面出现细小裂缝或穿透性裂缝，板面起皮、蜂窝、坑洼；板边、板角破碎；板块下沉，板块向上凸起，接缝的嵌缝料损害或脱落。其维护主要方法如下：

(1)道面裂缝的修理

宽度小于 0.5 厘米的裂缝和密集的细小裂纹，先将道面刷干净，再刷一层由 40% 沥青和60%的稀释剂配制的稀释沥青，干后再涂由沥青和稀释剂50%的稀释沥青，撒铺薄层细砂，并扫匀；宽度大于0.5厘米的裂缝，应先沿裂缝边缘深度4厘米垂直修齿清理干净，刷一层冷底子油，用沥青砂(沥青和砂子1:3重量比)和沥青混凝土填补；穿透性裂缝如缝隙小、用膨胀水泥填补(用水灰比为0.65)，如果缝隙大，补后需再刷一层稀释沥青。

(2)道面裂缝的填补

道面裂缝还可采用干嵌填法：用手工将低水灰比的砂浆连续嵌入裂缝，形成与原有混凝土结构紧密连接的密实砂浆，先在裂缝表面开宽、深各25毫米的槽，清理后涂刷界面剂、连续嵌入低水灰比的砂浆，也可用低黏度的液态树脂密封道面不小于0.1毫米的裂缝，将树脂涂刷到裂缝表面。

(3)板块接缝的填补和修理

用铁钩将缝内杂草、泥沙等杂物清除，再在缝内刷一层冷底子油，浇灌嵌缝料，为防止缝内长草，可在填缝前喷洒除草剂；裂缝和接缝一般不宜在夏天修补，以免天冷后混凝土收缩，裂缝扩大，影响填补效果。

板块接缝也可使用双组分聚氨酯嵌缝胶或环氧树脂灌注，对旧混凝土的接缝进行彻底清理至露出基层材料，并清除松石和细料，重新浇注修补料。

(4)道面的剥落、脱皮、板面蜂窝及坑洼修理

剥落深度1.5~2.0厘米时，将创面刷一层冷底子油，用沥青砂填补并用烙烫平，压实的表面比原道面可高出0.5厘米，用沥青砂掺入适量的石屑进行填补；深度小于10厘米的板面蜂窝及坑洼，可将损坏部分凿成矩形坑槽，刷净后刷一层冷底子油，用沥青砂或沥青混凝土填补并夯实；深度大于10厘米的，亦按上述工序填补，但填补后要比原道面高出0.2~0.3厘米，待硬化后才能与原道面持平。

(5)板面与板角严重破碎的修理

将损坏部分按规整几何图形切齐，清除杂物碎屑，用水润湿基础和槽壁，刷一层水泥浆，填补原标号的混凝土。

(6)水泥混凝土板块下沉修理

下沉小于10厘米时，基础比较稳定，可按板面修理的方法，将板块打碎、清除，先将基础处理好，再浇注同种标号的混凝土；有的航护站使用的是旧机场场址，若出现塌陷现象，应仔细查明下沉原因，处理好基础后，再修补道面。

(7)道面发生凸起的修理

东北、内蒙古林区发生道面鼓起的原因主要有两方面：一是结冰前板块下有积水或基础填有冻胀性土壤，结冻时因土壤冻胀将板抬起，这种情况必须修好灌水部位和顺坡；二是在炎热夏季，因横向伸缩缝过小或失去伸缩作用，在伸缩缝处将板块拱起，并造成边角破碎，这种情况唯一的处理办法就是加宽添缝，处理时，要注意与原道面保持标高。

道面大面积损坏，出现大量的裂缝，无法单独处理所有裂缝时，可用密闭、覆盖法，即用一定厚度的沥青全部覆盖，或用一定厚度的水泥覆盖。例如，嫩江航护站的副跑道就是用沥青覆盖的旧跑道道面；伊春航护站是在原跑道上加了一层水泥，从使用效果看都还好。

另外，对房屋及其附属建筑物，也要做到维修及时，避免以小引大，增加一次性投

入，尤其对房屋的重要部位，如屋面防水、防火设施、电控系统、室内照明线路、采暖锅炉、油罐、避雷装置等，更要做到经常性的检查，及时维修保养。

3.3　移动航站的组建与工作实施

3.3.1　移动航站的概念

移动航站是相对于固定航站而言的，就是将固定航站所具有的全部功能，以移动而不是固定的形式存在。也就是说，将固定航站所具有的航行交通管制、通信导航、气象保障、油料供给、电源启动功能分别移植到有较好的越野性能的航行交通管制指挥车、加油车、运油车、电源启动车上，这些车辆及配套设备就组成了一个移动的航空护林站，简称移动航站。由此可见，移动航站是固定航站所具功能的延伸和补充，只是根据扑救森林火灾的需要，将实施地点前移到火场附近，在移动中完成航空护林任务。

3.3.2　组建移动航站的必要性

移动航站在扑救森林火灾中的特殊作用和对固定航站功能的充分发挥，启迪我们在新的历史条件下组建更多的移动航站。

(1)组建移动航站是我国森林防火工作的迫切需要

我国的森林防火形势日趋严峻，保护任务日益繁重，而作为森林防火重要组成部分的航空护林，承担着越来越繁重的预防和扑救任务，尤其是发生重大、特大森林火灾以后，离开飞机，就等于人失去了双臂。加之目前每个航站所承担的巡护面积普遍偏大，每个航站配备的飞机数量有限，组建移动航站就成为加强航空护林工作的重要举措之一。

(2)组建移动航站有利于扑救森林火灾

快速将扑火人员运送到森林火灾现场、赢得宝贵时间和战机，将火扑灭在初发阶段，是航空护林的优势之一；对距离固定航站较远的森林火灾实施直升机扑火，有时往返一次需3小时，特别受续航时间及商载的制约，使其空中优势的发挥受到影响。在此情况下，移动航站就可以就近作业、实施扑火，弥补了远距离组织直升机扑火不力的局面。

关于移动航站所需设施、设备，国家目前还没有制定统一标准，根据北方、南方的实践，可参见表3-4进行配置。

表3-4　移动航站设施、设备配置

名称	航行管制指挥系统									加油车	运油车	电源车	宿营车	炊事车
	指挥车	归航台	单边带	甚高频	手持式130	卫星电话	传输系统	气象系统	发电机					
数量	1	2	2	2	4	2	2	1套	2	1	2	1	1	1

【本章小结】

本章内容为航空护林基础设施建设和管理，主要包括内容是航空护林（场）站建设标准和规模，从航空护林基础设施设备建设原则、内容及相关技术标准进行了阐述；航空护林机场管理与维护；阐述了移动航站的概念及建设的必要性。

【思 考 题】

1. 航空护林土建工程基础设施建设包括哪些方面？
2. 简述机场管理的具体内容包括哪些方面？

第**4**章

航空护林飞机的使用与管理

航空护林飞机的使用与管理，体现在森林防火抢险救灾的全部活动中，不同的机型在航空护林中发挥的作用各异。固定翼飞机主要执行巡逻报警、侦察火情、空投空运、航空化学灭火和培训任务等；直升机则主要用来完成机(索、滑)降扑火、吊桶灭火、急救任务等。所以对具体的机型而言，执行何种航空护林飞行任务有主要、次要之分。

4.1　航空护林飞行的分类

鉴于航空护林飞行任务较多，所以有必要对飞行任务进行分类，规范任务名称，便于统计和分析、研究，总结经验、教训，提高航空护林管理水平。

根据飞行航线可以把航空护林飞行分为固定航线飞行、临时航线飞行和选点飞行等。

根据我国航空护林飞机所执行的任务，暂分为16类：

(1)调机飞行

调机飞行是指飞机载机组人员和设备从甲地到乙地(途中着陆加油或不加油)的飞行。包括飞机调入、调出和替换飞行。

①调入飞行　指飞机从供机单位所属机场调到航站、点机场的飞行，标志着该机执行航空护林任务的开始。

②调出飞行　指飞机从航站、点机场调回供机单位所属机场的飞行，说明该机已完成本航期的航空护林任务。

③替换飞行　指在航站、点机场执行航空护林任务的飞机出现必须返回供机单位排除机械故障或者本飞机应进行定检时，供机单位另派飞机顶替该架飞机时的飞行。

(2)定检飞行

定检飞行是指飞机已完成了阶段额定飞行时间，需要回到检修地点(工厂)进行定时检修的飞行。

（3）巡护飞行

航空护林飞机沿固定或临时航线在林区上空一定高度、以侦察有无火情发生为主的飞行，叫做巡护飞行。包括空中视察、物候观察、加降、林火卫星热点核实、业务培训飞行等。

①领导视察飞行　重要或紧急情况出现，领导需沿固定航线、临时航线或另行选点进行的专项飞行活动。

②加降巡护飞行　飞机按预定的巡护航线、由甲地飞往乙地途中，根据业务需要，在甲、乙之间的某地着陆的飞行。如运送扑火人员、扑火器材和扑火物资，接送瞭望塔人员、火烧迹地调查人员等的飞行。

③观察物候飞行　对巡护区内积雪覆盖、融化程度和森林物候期等与森林防火有关情况进行空中观察的飞行。

④业务培训飞行　利用飞机带飞、培训、考核业务人员、培训空中指挥员的飞行。例如，带飞观察学员、培训空中指挥员、考核观察员的飞行等。

（4）升高瞭望飞行

在高火险期的中午时段，飞机在某一地域上空进行小半径的循环飞行，称为升高瞭望飞行。

（5）载人巡护飞行

在高火险期、火情高发时段，安排直升机载扑火人员进行的巡护飞行。巡护中一旦发现森林火情，便立即采取机(索、滑)降扑火措施扑救。包括清山、清林、清河套的三清飞行等。

（6）侦察火情飞行

对已知的火场或可能的火情安排的飞行，称为侦察火情飞行。包括侦察火场、紧急火情、热点核实和勾绘火场飞行等。

①侦察火场　指对正在燃烧的森林火灾火场进行侦察。

②紧急火情　指对地面报告的火情，利用飞机进行空中核查。

③热点核查　指对林火卫星监测发现的热点，利用飞机进行核查。

④勾绘火场　指对火场进行空中勾绘火烧迹地轮廓，评估过火面积、有林地面积、树种组成、过火林分损失等情况。

（7）机降扑火飞行

机降扑火飞行是指直升机向火场运送、接回，以及在火场内部或火场之间调动扑火人员的飞行。如送人、倒人和接人飞行。

①机降送人　用直升机自扑火队驻地向森林火灾现场运送扑火人员。

②机降倒人　利用直升机在一个火场内或火场间转运扑火人员。

③机降接人　利用直升机将扑火人员从森林火灾现场接回驻地的飞行。

（8）航空化学灭火飞行

利用航空护林飞机装载化学灭火药液、实施空中喷洒扑救森林火灾的飞行。包括航空化学灭火指挥机的飞行。

(9)洒水扑火飞行

利用飞机所载设备装水，直接喷洒在火头、火线或给地面扑火设备供水的飞行。包括吊桶、吊囊、机内或机腹（挂载）水箱洒水扑火往返飞行。

(10)索（滑）降扑火飞行

直升机载人飞抵森林火灾现场附近悬停后，扑火人员通过绞车或绳索降至地面的飞行。包括索降、滑降扑火往返飞行。

(11)空（投）运飞行

空（投）运飞行指利用固定翼或直升机向火场运送扑火工具、灭火器材、生活物资等飞行。包括空投、空运往返飞行。

(12)火场急救飞行

火场急救飞行指利用飞机运送扑火期间的伤、病员，急救指挥员及扑火有关人员的飞行。

(13)防火宣传飞行

防火宣传飞行指利用飞机空投森林防火、航空护林宣传品，悬挂森林防火、航空护林宣传条幅，实施空中森林防火、航空护林广播飞行等。

(14)转场飞行

转场飞行指从某航站、点调飞机到另一航站、点，支援森林防火抢险救灾或到扑火前线指挥部执行任务，当日不能返回本航、站的飞行。包括飞机从野外或其他航站、点隔日后返回本航站、点的飞行。

(15)适应性飞行

适应性飞行主要指机组利用自带飞行时间进行的熟悉情况、训练、检验性飞行。一般是在本场范围内飞行。机组训练飞行是供机单位为提高飞行员的业务水平或飞机维护所需要的飞行。

(16)科研飞行

科研飞行指利用飞机开展森林防火、航空护林相关的科学研究和试验的飞行。

4.2　航空护林飞行的特点与原则

航空护林工作涉及面广、专业性强，而航空护林飞行是围绕森林火灾的发生规律、蔓延情况进行安排的，这就使得航空护林飞行具有明显的季节性、时段性、机动性，同时还应有一定的运作原则。

4.2.1　航空护林飞行的特点

(1)航空护林飞行的季节性

森林火灾的发生有其季节性。东北、内蒙古林区，森林火灾每年一般发生在春、秋两季，春季防火期为3~6月，秋季防火期为9~11月；西南林区，情况复杂，森林防火期有别，一般每年的10月至翌年1月和2月中、下旬至5月底（有时至6月上旬）为森林防火期, 其中广西和贵州的森林防火期为 10 月中、下旬至翌年 1 月上、中旬和 2 月中旬至 4 月底; 云南、四川为 11 ~ 12 月和 3 月中旬至 5 月底。近年来, 由于全球气候变暖, 加之人为活动增加, 夏季发生森林火灾的次数增多, 面积增大, 扑火难度加大, 特别在东北、内蒙古林区表现较为明显。致使航空护林飞行也需作出调整, 一般情况是: 春季在 4 ~ 6 月份, 飞行集中在 5 月份; 秋季在 9 ~ 11 月份, 飞行集中在 10 月份。自 2004 年起, 东北、内蒙古北部林区, 在部分航站配备直升机, 开展了夏季航空护林工作, 从而有效地控制了森林火灾的蔓延。

(2)航空护林飞行的时段性

森林火灾的发生具有日变化规律, 即早、晚空气相对湿度大、气温低, 加之人为活动较少, 火源相对较少, 森林火灾发生概率也小; 中午气温相对偏高、相对湿度减小, 人为活动频繁, 火源相对增加, 森林火灾发生概率增大。所以安排航空护林飞行, 也要适应这种变化规律的需要, 巡护飞行一般在 9:00 ~ 15:00 进行; 火场观察、直升机扑火飞行、固定翼航空化学灭火飞行的日变化规律不明显, 主要根据当日发现和扑救森林火灾实际情况, 安排飞行活动。有时早晨开始就安排飞行侦察火场、实施航空化学灭火, 有时在日落之前飞机才执行完毕飞行任务回到机场。而且, 春季、秋冬季各地的日出、日落时刻不同, 飞机执行飞行任务的时间各异。对当日没有扑灭的森林火灾, 在飞行时间的安排上是白天任何时候都可能安排飞机飞行。

(3)航空护林飞行具有机动性

森林火灾发生、蔓延有一定的规律性, 但也表现出非规律性, 即随机性; 同时就某一起森林火灾而言, 发生的时间和地点具有突发性, 这就决定了航空护林飞行必须适应森林防火需要, 灵活机动地进行安排。但是, 空军和民航对航空器的飞行有明文的《条例》规定, 即飞行必须向有关管制部门申报计划, 并严格按照批准的飞行计划执行, 航空护林飞行也要执行《条例》, 所以, 巡护飞行一般按照计划进行, 而侦察火场、机(索)降和吊桶灭火以及特殊紧急的视察等飞行, 往往是紧急申请飞行计划, 因而具有一定的机动性。

(4)航空护林飞行具有多方协同性

航空护林飞行是一项社会性、综合性工作, 涉及当地政府, 森林防火部门, 飞行单位, 空管、气象、油料等行业, 以及森警部队、地方专业扑火队等多单位, 而且需要这些单位、部门密切配合、协调行动, 才可能顺利完成任务。

(5)航空护林飞行具有法律规定性

林业部门虽然有其产权飞机, 但委托通用航空企业经营管理, 因而目前航空护林所用的飞机都是租用通航或军航的。航空护林单位与供机单位之间签订租机合同, 在合同中明确了供需双方的租机目的、工作任务、起止时间、双方责任、租赁费用等。供需双方以合同形式建立的协作关系, 具有一定的法律效应。

4.2.2　航空护林飞行的原则

航空护林飞行既要精心组织, 以便将有限的飞行时间用在森林火灾预防和扑救上, 又要精打细算, 最大限度地发挥飞行的作用, 提高航空护林飞行灭火效率。为此, 应该在实施中遵循如下原则:

（1）以人为本、安全第一原则

航空护林的目的是保护森林资源和人民生命财产的安全。所以只有安全飞行，才能有效地实施对森林火灾的预防和扑救，确保森林资源和人民生命财产的安全。

（2）因时制宜、精心安排原则

在组织航空护林飞行时，要根据森林火灾的发生、蔓延情况，结合航空护林的特点和时段性，因时因地制宜开展工作，既要精心安排巡护飞行，更要组织好扑火飞行。

（3）确保重点、兼顾一般原则

在安排航空护林飞行时，必须确保重点林区，但同时也要兼顾一般林区。在航站巡护范围内，如果发生多起森林火灾，就应该权衡利弊，首先对危险性大的重点林区、威胁居民区和工矿区安全以及有重要设施的火场，集中力量实施扑救。同时，按照"无火服从有火、小火服从大火、荒火服从林火、一般林区林火服从重点林区林火"的要求，千方百计地组织好航空护林飞行灭火工作。

（4）果断决策、快速行动原则

火光就是命令。赢得时间就获得了扑火的主动权，就可能减少森林资源的损失；相反，贻误战机，就会使扑火工作变得被动。所以，在组织航空护林灭火飞行中，首先要有正确的判断，果敢的决策，而正确的判断和果敢的决策基于对火场的了解和情况的汇集。决策做出后行动要迅速，才可能做到"早发现、快行动、灭在小"。

（5）科学合理、节约效能原则

科学合理组织航空护林飞行，是航空护林业务的基本工作准则，节约效能是航空护林业务工作的本质要求。这就要求航空护林人员要有强烈的事业心和责任感，对各种飞行活动，都要本着对国家、对人民负责的态度，科学安排，合理组织，真正用好飞行费，既满足森林防火工作需要，又能最大限度地发挥空中优势，提高航空护林飞行灭火效益。

4.3　航空护林直升机的使用与管理

航空护林直升机的使用与管理包括直升机特殊巡护飞行和扑火飞行。

4.3.1　直升机特殊巡护飞行

航空护林直升机飞行的使用成本大约是固定翼飞机的 3 倍，所以在安排巡护飞行时，一般使用固定翼飞机，只有在火险等级较高的特殊情况下才安排直升机巡护飞行。有两种特殊巡护飞行，对发现和提高火情发现率起着重要作用。

（1）直升机载人巡护飞行

直升机载人巡护飞行，应遵循下列原则：一是在森林防火戒严期内，高火险天气；二是巡护航线长一般不超过 250 千米；三是巡护应在中午进行，以弥补中午空中没有固定翼飞机监护，避免漏掉火情，贻误扑火战机；四是巡护中发现森林火灾，立即投入扑火战斗，将林火扑灭在初发阶段。

（2）直升机辅助巡护飞行

在高火险天气，因风大固定翼飞机不能起飞的情况下，可安排直升机进行辅助巡护飞行，避免高火险、大风天气遗漏火情，防止小火酿成大火。

（3）直升机升高瞭望飞行

高温、干旱、大风情况下的高火险天气，以航站、点或高火险区域为中心，在中午时段使直升机按圆形小航线升高瞭望。巡护航线根据飞机巡航速度以 1.5 小时为宜，飞行高度 2700～3000 米，这样，犹如空中活动着具有扑火力量的瞭望塔，观察范围大，视区内若发现林火，即可实施机降扑火。敦化航空护林站 1985 年曾以直升机载人升高瞭望飞行 31 架次，先后发现火情 18 起，当即实施机降扑火，扑灭森林火灾 11 起，平均每架次飞行 1 小时 20 分钟。

（4）直升机火场接人后小航线巡护飞行

当交通不便地区的森林火灾被扑灭以后，机降扑火队员需用直升机接回基地；为了提高直升机的利用率，接人时携带扑火物资和给养，直飞火场接人后，安排小航线载人巡护飞行，如发现林火可立即机降扑火。这不仅完成了接人任务，而且监护了高火险区域，一举两得。1986 年春季，加格达奇航空护林站进行此种飞行 5 次，其中两次发现火情，当即机降扑火队员，顷刻将林火扑灭，机降队员再次登机返回基地。

4.3.2 直升机扑火飞行

直升机扑火飞行，主要是机降扑火、索（滑）降扑火、吊桶灭火、机腹式水箱载水灭火等。

（1）直升机扑火飞行适用范围

就广义而言，直升机扑火飞行对于任何一个火场都是适用的。之所以要确定直升机扑火飞行范围，是从直升机飞行收费标准较高的角度考虑。由于受直升机飞行费昂贵的限制，目前还难以做到只要发生森林火灾就动用直升机扑救。因此，在安排直升机扑火时，要考虑地面交通、森林资源、火灾蔓延趋势、地面扑火人员、火场周边居民点及重要设施等情况，然后确定是否动用直升机。使用直升机扑火，一般要考虑以下几方面：

①森林火灾是否已威胁到居民点或重要设施的安全。

②森林火灾发生在交通不便、通信不畅偏远林区、地面无法运送扑火人员或运送速度太慢的林区。

③地面无人扑救的森林火灾。

④森林火灾发生在原始林区、重点林区、自然保护区，或者森林火灾蔓延已威胁到原始林区、重点林区、自然保护区的安全。

⑤重大、特大森林火灾。

⑥蔓延速度较快的森林火灾。

（2）按程序快速组织直升机扑火飞行

直升机扑火的最大优势就是个"快"字，能够快速将扑火人员运送到火场附近，或快速向火线洒水直接扑火。因此，在组织直升机扑火的各环节都要突出"快"字，任何环节不可贻误战机，否则直升机的优势就不能充分发挥。从接到机降、索降、吊桶或机载水箱洒水扑火命令到飞机起飞，中间需要协调诸多环节，每个环节的准备和保障工作时间长短不一，这就要求调度指挥工作者必须按程序进行组织。一般情况下，组织飞行的顺序是：通知机务人员准备飞机、机组人员做好航前准备→观察员领取本次任务通知→向气象保障部门索取本场实况及航路天气预报→向航站飞行管制室发出飞行计划、航站再向飞行区域管制单位申报飞行计划→与驻地森警部队、地方专业扑火队联系、做好登机准备→通知油料部门为飞机加注所需油量、电源启动人员做好飞机充电的准备→特殊天气情况下，通知通信导航部门打开导航台。这些环节应按预定程序进行组织，准备工作时间长的先通知，准备时间短的后通知，这样才可能做到"行动快、灭在小"，充分发挥航空护林空中优势。

（3）合理确定机降扑火力量

机降扑火是我国森林火灾扑救的最重要手段之一，其特点是快速、机动、灵活，可将森林火灾控制在初发阶段。合理确定机降扑火兵力是解决扑救火灾与节约飞行费两者之间的根本问题。扑火兵力太少，容易将小火酿成大灾；扑火兵力过多，造成飞行费的浪费。目前确定机降扑火兵力有两种方法：

①经验法　经验法是目前确定机降扑火力量普遍采用的方法。一般情况下，对小面积火场，如一架次兵力即可完成扑灭任务的，可将兵力机降在一个点；假若火场面积较大，需要兵力较多时，则应分点机降，每个点的人数不宜过多，一般为 15～30 人为宜；机降点与点之间的距离是根据火线长度、火势发展速度、地形、植被、天气及其演变趋势、扑火队战斗力等多种因素凭经验而定，没有固定的计算公式。以每个机降点 15 人为例，点与点之间的距离，一般为 3～5 千米，据此，视火线长度可推算出需要多少扑火兵力。

②理论计算法　根据数理统计学、概率论和回归分析理论，从经济效益的角度计算机降扑火用兵数量。

对具体一个火场而言，机降兵力越多，可能在较短时间内即将火灾扑灭，火灾面积越小，扑火经费反而增高。相反，机降兵力越少，扑火经费越少，但扑火时间延长，森林损失增大；当扑火兵力减少到一定程度时、甚至小火酿成大灾，火灾难于扑灭。当森林火灾能被扑灭、且将火灾面积控制在最小、扑火经费最低的情况下，根据森林火灾被扑灭时的森林资源损失、机降飞行费的总和，与火场初发面积、森林类型、天气因子、物候期之间的函数关系式，利用二次函数求极值理论，计算出经济损失最小的情况下所需扑火兵力。

（4）在关键时间、对重点地域安排扑火飞行

实施直升机扑火，要根巡护区内的林情、社情、天气情况等统筹安排，要在关键时间、对重点地域安排直升机飞行。

①在关键时间、对重点地域、火场安排扑火飞行　东北、内蒙古林区，在清明、"五·一""十·一"节庆期间，烧防火线，入山种植和入山采集，人为活动频繁，火源增多；南方林区，清明前后、风干物燥，祭祀活动较多，"五·一"期间，正值旅游旺季，极易发生火灾；其间是森林防火关键时期，必须精心组织，周密安排好直升机的载人巡护飞行。

②安排雷击多发区的机降扑火飞行　每年的 5～8 月份，我国东北、内蒙古林区和南方部分原始林和成过熟林区，较易发生雷击火。在此期间，要时刻注意实施索降、吊桶灭火作业。

③安排好高火险天气飞行　高火险天气的一般特点是高温、干旱和伴有大风的天气。在这种天气条件下，要安排好直升机替补固定翼飞机的飞行准备，一旦发生森林火灾，应迅速组织直升机扑火作业。

④组织好直升机载水扑火飞行　大面积水域在东北、内蒙古林区和西南林区相对都较少，东北林区一般在 4 月下旬至 5 月上旬，水面可解冻，西南林区四季无冰冻。固定翼飞机水上飞行取水扑火受到限制，但直升机在宽 3 米、深 2 米左右的河流中即可取水，因此，利用直升机载水扑火是航空护林直接灭火的发展方向。不仅可用直升机载水扑火，而且清理余火、暗火、扑灭燃烧的站杆倒木，直升机都大有用场。

4.4　航空护林固定翼飞机的使用与管理

航空护林固定翼飞机与直升机性能有别，用途不同，飞行费用和计费方法有异，因此固定翼飞机与直升机在使用与管理亦有区别。固定翼飞机飞行成本相对较低，直升机与固定翼飞机都可以执行的任务，应由固定翼飞机执行。

（1）精心安排巡护飞行，提高火情发现率

火情发现率是指在航护区范围内，飞机巡护飞行时主动发现的森林火灾次数占航空护林区范围内发生森林火灾次数的百分比。提高火情发现率，做到有火及时发现，及时扑救，是实现"早发现，行动快，灭在小"的前提条件。

①巡护飞行的意义　巡护飞行分为狭义巡护飞行和广义巡护飞行两种。狭义巡护飞行是指以观察有无森林火灾发生、积雪融化和覆盖情况、森林物候期、森林火险情况以及与森林防火有关的其他情况为目的的飞行；广义巡护飞行是指不论是哪种飞机、执行何种任务，只要在林区上空飞行并有观察员随机，都同时具有巡护的作用。例如，机降扑火、勾绘火场等飞行途中，有火都可以及时发现，即具有广义巡护意义。

②巡护航线规划　巡护航线要覆盖重点林区、火灾频发区、地面瞭望的盲区。巡护航线的形状以多角圆形航线为佳，以便在同样的飞行时间、速度、航程、高度、能见度情况下，能够观察到最大的森林范围，且规划的航线避免在同一时间内重叠飞行。另外，根据当地的森林火险天气情况，可以规划临时航线或进行选点飞行。巡护航线的长度视机型、巡航速度而定，一般按照 2.5~3 小时的航程进行安排，特殊情况或航线较长，另当别论。

③巡护飞行的时机　巡护飞行，必须抓住有利时机，适时安排，争取做到"四个增加、四个减少"。即一是增加上午 9:00 至下午 16:00 的巡护飞行，减少上午 9:00 前和下午 16:00 后的巡护飞行；二是增加高温、干旱、高火险天气的巡护飞行，减少低火险天气的巡护飞行；三是增加关键时期和关键区域的巡护飞行，减少雨后无巡护价值的巡护飞行；四是增加重点火灾区和自然保护区的巡护飞行，减少一般火灾区和非重点保护区的巡护飞行。"四个增加、四个减少"的巡护飞行原则，在我国东北、内蒙古林区和西南林区同样适用。

（2）航空化学灭火飞行

航空化学灭火是扑救森林火灾的重要措施，是利用固定翼飞机喷洒化学灭火制剂，阻滞森林火灾蔓延的一种有效方法。

①航空化学灭火的目的和作用　实施航空化学灭火，一是减弱火头和主要火线的火势或直接扑灭火头和火线，从而为扑火人员的扑打创造条件；二是在火头、火线前沿喷洒药带，以阻止火头或火线蔓延，为地面扑火人员到达火场争取时间。

②航空化学灭火的适用范围　航空化学灭火属于超低空飞行，飞机由于受自重和上升率的限制，在山高坡陡的林区作业，其飞行对风速、风向、能见度的要求较为严格，要慎之又慎；另一方面，航空化学灭火药剂附着力较强，对林木高大、树冠茂密的林分，会出现树冠截留药剂的情况，致使落到地面可燃物上的药剂量较少，灭火效果较差。因此，航空化学灭火适宜扑救平缓山地疏林、（中）幼林的火灾或沟塘草甸火灾。

（3）适时安排侦察火场飞行，为扑火指挥部提供翔实情况

发生大面积森林火灾时，由于火头多、火线长、面积大，往往难于扑灭，扑火前线指挥部很难掌握整个火场势态，给兵力部署和组织扑救带来困难。在此情况下，安排固定翼飞机侦察火场非常必要。侦察火场时的飞行高度一般在 1 200 ~ 3 000 米之间，其真高控制在 800 ~ 1000 米，但可以根据需要随时调整高度，力求清晰地鸟瞰火场全貌。这类飞行，要求随机观察员业务娴熟，能够快速准确地掌握火场情况，及时、全面、翔实地将火场第一手资料报告给指挥部，从而为扑火决策提供可靠依据。

（4）根据当地森林防火办公室或指挥部要求，安排空投森林防火宣传品

空投森林防火宣传品飞行，是配合地面搞好预防森林火灾的措施之一。空投飞行的组织工作，首先向当地报告巡护飞行航线计划，空投宣传品一般结合巡护飞行进行，必要时可按森林防火指挥部意见规划临时航线，以确保将森林防火宣传品撒到指定的城镇、村屯（寨）、居民点、工矿区，达到宣传教育效果。其次，实施空投的随机观察员，要系牢安全带，确保万无一失；全体空勤人员，要密切配合，既要确保空投准确性、又要控制好飞行高度，以安全地完成好空投任务。

（5）根据当地森林防火指挥部要求，安排其他救灾飞行

根据需要，为支援火场救灾，可安排飞机将扑火物资、食品、药品等，空投给地面扑火人员，以快速、及时地补充扑火物资和扑火人员的给养，这是航空护林作用的内容之一。

空投飞行一般在交通不便的大面积火场、地面扑火人员连续作战、扑火物资耗尽、给养断档的情况下实施。空投飞行的组织，要按森林防火指挥部确定的地点，明确地面联络信号，以直飞航线的方式，尽快将物资运抵。空投飞行，航站随机观察员要与机长共同检验、核对物资、研究飞行方案，确保安全。飞机到达指定地点后，按照地面信号、恰当选择空投点；要观察、核实空投准确性，并随时调整空投准确性，以确保物资安全、准确着陆。

4.5　航空护林飞行小时和飞行费的管理

目前，航空护林飞行费由中央和地方财政共同承担，且有一定限额。因此，加强航空护林飞行小时和飞行费的管理，将飞行小时和飞行费用到刀刃上，最大限度地发挥航空护林效益。

（1）精心测算飞行费，合理分配计划小时

根据上一年度飞行费投入额度以及中央和地方财政关于飞行费调整的精神，每年签订春季航空护林租机合同之前，先后与出资各方汇报、协商后，北方航空护林总站和南方航空护林总站，在分别综合了包括各航空护林站在内的各方意见的基础上，拟订出航期需要和可能

配备的飞机数量、机型以及开、结航日期，计划小时数。然后邀请有关各方，召开租机合同会议并签订租机合同。签订的租机合同有时与原计划有出入、甚至出入较大，即需再次分配飞行计划小时。超出中央和地方当年预计投入的飞行费额度，即应重新测算，相应调减计划小时或飞机数量，直到测算的结果接近中央和地方当年预计投入飞行费额度为止。

（2）控制飞行计划小时的使用

控制飞行计划小时使用的目的是为了将飞行小时用在森林防火的关键时期，防止出现低火险飞行时间用得多，高火险时又没有时间可用的被动局面。在东北、内蒙古林区，一般春季森林火灾高发时段是5月份，秋季是10月份。4月初和6月份，9月和11月份应适当控制巡护飞行，以确保5月和10月份有足够的飞行小时。西南林区4~5月为高火险区，其间不仅固定翼飞机上、下午都要安排巡护飞行，而且直升机载人巡护也较频繁。其余时段的飞行，则适当控制、周密计划，务求达到合理使用。

（3）充分使用低限小时，减少飞行费的浪费

低限小时是航空护林部门与供机单位签订的最低付费小时标准。由于飞机的部分部件是按日历小时折旧，不飞也有折旧成本和人工成本。飞机调到航站后，专为航空护林所用，如飞行时间过少，成本过高，供机单位会发生亏损。因此，供机单位要求确定最低付费小时标准，即低限小时。如实际飞行小时达不到低限小时，则按低限小时计费，实际飞行小时超过低限小时，则按实际飞行小时计费。计划小时是航空护林部门根据全年需要和可能测算出的可飞时间，低限小时一般低于计划小时；如签订航空护林租机合同时，出现低限小时超过了计划小时，意味着全年应支付飞行费超过了中央和地方预计投入飞行费额度。直升机除高火险天气外，一般有火时才飞行，而固定翼飞机则按计划正常巡护飞行，因此，低限小时只是直升机有，固定翼飞机没有。森林火灾多发的航期实际飞行往往超过低限小时；森林火灾较少的航期实际飞行可能少于低限小时。在实际飞行小时远远低于低限小时的情况下，无论飞不飞都得按低限小时计费。所以在高火险天气时要安排直升机载人巡护，充分使用低限小时，减少飞行费的浪费。

【本章小结】

本章内容为航空护林飞机的使用与管理，首先阐述了航空护林飞行的分类；其次介绍了航空护林飞行的特点与原则；第三介绍了航空护林直升机的使用与管理；然后对航空护林固定翼飞机的使用与管理进行了表述；最后内容为航空护林飞行小时和飞行费的管理。

【思考题】

1. 根据我国航空护林飞机所执行的任务大致分为哪几类？
2. 简述航空护林飞行的原则。
3. 使用直升机扑火的使用范围是什么？

第5章

航空护林调度工作概论

5.1 航空护林调度工作概述

5.1.1 航空护林调度的概念

航空护林调度工作是一项综合业务工作，其本质是管理、安排、指挥并实施指令。航空护林调度，顾名思义，就是对航空护林飞行、扑火以及与其有关的工作，根据授权和需要，按规定和制度进行有效地管理、安排，以充分发挥飞机的效能，最大限度地提高航空护林工作效率，以保护森林资源的安全。

航空护林调度，简称林航调度，以区别于民航调度。调度员是调度工作的实施者。

航空护林是森林防火工作的重要组成部分，在森林防火中起到了其他手段难以替代的作用。随着航空护林飞机数量的增加，业务范围的扩大，航空护林的重要性日渐显现。为了更有效地发挥航空护林在森林防火中的作用，就要正确组织调度、合理规划航线，适时安排飞行，以利抓住战机，实施航空扑火作业，确保森林资源少受损失，所有这些，都与调度工作密不可分。

5.1.2 调度工作的地位与作用

（1）调度工作是航空护林业务的主体

航空护林业务工作的开展，首要的是调度员对飞行做出妥善合理的安排，从飞行计划的编排、航线的调整、火场情况的掌握，到火灾档案的整理、业务数据的统计分析，都需要调度人员来完成。也就是说，整个业务工作都要由调度协调、指挥加以实施，通常在航空护林整个业务工作中，都不应该脱离或超越调度这一环节。

（2）调度是航空护林业务工作的枢纽

在航空护林站集中统一管理的前提下，航空护林调度员是领导的参谋。领导的决策、指示、命令，通过调度员传达到所属部门，各部门按照上级的要求开展航空护林工作。就航空护林站、点而言，调度员是站长的参谋和得力助手，按照站长的旨意具体安排业务工作，同时协调好各方面的关系，推动业务工作的顺利开展。

（3）航空护林调度指挥是一个有机运转的系统

所谓系统，在哲学上是指事物内部相互联系着的各个要素、部分所组成的有机整体。凡是由两个以上因素组合而成的具有一定结构的整体就可以看作一个系统。航空护林调度指挥系统，上至调度员所在单位的上级主管部门、本单位领导，中至本单位各处（室）、科，直到与飞行灭火有关的各地森林防火指挥部、机组、驻地森林警察部队、地方扑火专业队等，构成了一个完整的完成航空护林任务的有机系统。就航空护林站而言，调度员执行航站主要领导意图，在业务方面直接与上级业务部门联系工作，并执行上级业务部门的指示、命令，做到上情下达、下情上报，以实现航空护林工作信息畅通，有机配合。与此同时，航空护林站领导的指示也由调度员传达到本站业务部门执行。在业务工作实施中，调度员下达并实施飞行计划、任务，报告飞行和扑火动态，与省（自治区）、市（州）森林防火指挥部，民航、航行管制部门、供机单位、驻地森林警察部队、地方扑火专业队保持经常的业务联系，以稳妥地按照指令组织实施航空护林飞行灭火工作。航期结束后，调度员负责收集整理、统计分析、保存归档飞行灭火资料。

具体到国家林业局北方航空护林总站和南方航空护林总站的调度员而言，必须与国家林业局森林防火办公室密切联系，按主要领导和主管领导的指示向上级请示、汇报工作，执行好国家有关的政策法令、通知规定，同时管理和指导各个航空护林站的飞行、灭火业务工作，负责与民航、军航、供机单位、航行管制部门、当地政府森林防火指挥部门、驻地森林警察部队、地方扑火专业队的业务联系和协调工作，以保障航空护林工作有条不紊地开展。

5.1.3 航空护林调度工作的特点

航空护林调度工作，既不同于工业生产部门的调度，下达生产任务，统计分析任务完成情况；也不同于铁路调度，命令下达后，必须无条件地执行；更有别于民航调度，直接指挥飞机，不得有半点失误。航空护林调度工作，既有其他部门调度工作的共性，又有自身的特性。

（1）航空护林调度面宽、工作量大

航空护林调度员，从租机合同文本的准备、机源的调研，到租机合同的签订、履行；从飞行计划的拟订、飞机的起降，到各种航空扑火手段的实施；从火场动态的掌握、上报、归档，到飞行、扑火数据的统计、分析，无不与调度密切相关，其工作的紧张运作，也是枢纽作用得以充分体现的过程。调度工作需要面对的部门很多，既有领导机关，又有下级机关，还有协作单位，因而工作面较宽、工作量较大。这就要求调度人员思维敏捷，反应灵活，言辞清楚，处理果断，并善于把握言辞分寸、处理好各种关系，有较高的综合素质和业务能力，保障航空护林工作的顺利开展。

（2）航空护林调度室是一个具有行政职能的业务指挥部门

由于调度对本单位的领导负责，管理和安排业务工作，许多与业务密切联系的行政部门，在调度安排业务工作之后，行政部门自然而然地围绕调度安排的业务工作，具体做好行政后勤保障工作，这在一定程度上使调度室成了本单位工作的业务工作指挥室。

（3）航空护林调度指挥，具有指令性

在具体业务工作的实施中，诸如安排飞行、调整飞行计划和航线，等等，调度指挥均具有指令性，在一般情况下，调度员下达的有关业务的指令、行政部门也应执行。对调度员本身来讲，在日常工作中，许多事情需要多加协商或请示领导批准后才能实施。这就要求调度员业务娴熟，分清问题性质，采取正确方法处理日常事务，果断而不能决断，按照岗位职责和飞行管理规定开展工作，有待婉言相商的事情，明确答复，积极联系有关单位妥善解决。

（4）航空护林调度工作的时间性强

调度指挥中遇到的各种实际问题，一般应及时处理，这就要求调度员根据有关规定、规章、细则，连同自己的工作经验，进行综合分析，正确判断，作出处理。可见，调度工作时间观念较强，不能耽误、贻误。在调度工作程序上，也是环环相扣，时段要求严格。发出飞行计划报、飞机起降报、调整飞行计划、传递火情报、报告调度日报等，都有明确的时间要求。这就是说，作为一名调度员要有很强的时间观念。否则，航空护林效益就会降低，甚至造成更大损失。从这点讲，时间就是效益，争取一分钟就有一分钟的经济效益。调度工作切忌拖拖拉拉，时间观念差。

总之，航空护林调度岗位是一个十分重要的岗位，它在航空护林业务工作中起着承上启下、举足轻重的作用。其较高的工作质量，不单表现在航线选择合理，飞行安排妥当，飞行费节约显著，而且表现在各方面的工作关系处理融洽，有利于森林防火效益的提高和航空护林事业的发展，出色地完成航空护林任务。否则，因一时一事处理不当，不仅信誉受损，还可能使航空护林工作受到影响，甚至造成人民生命财产的损失。

5.1.4　调度岗位与各业务岗位的关系

航空护林调度在业务工作中的重要地位和作用，决定了调度员应具备较高的业务素质、较宽的知识面和较强的认识和解决问题的能力。正确认识调度与其他业务岗位的关系，并在实践中处理好各种关系，以促进航空护林工作的开展。

（1）调度岗位与观察员岗位的关系

调度员和观察员，都是航空护林业务工作的实践者、执行者，相互为平等协作、密切配合、相互支持，共同完成好航空护林任务的关系。对于将调度室设在业务科、处来说，是属于工作需要而为。科、处长领导调度员，但对于他们的具体业务工作，一般不要过多干预，因为调度员有对本单位领导负责的任务。

调度员与观察员的工作关系，主要体现在下面几方面：一是观察员在每次执行飞行任务前，先到调度室领受调度员代表单位领导下达的飞行任务，尤其是侦察火场的飞行任务。观察员要向调度员了解上一架次飞行侦察火场的情况，调度员也应主动说明本架次任务和上次侦察火场情况。二是执行任务结束后，观察员要向调度员通报任务完成情况，并递交相应的书面材料，如飞行任务书、航空手段扑火作业报告单、侦察火情报告单等。三是观察员提供的第一手飞行侦察资料是调度员向上级报告和统计的原始资料。调度员依据观察员提供的情况，进行认真整理、细致分析，并实事求是地按有关规定逐级报告。当发现有情况不明或填写不详细时，调度员必须向观察员核实清楚后如实填写表格中的所列项目。调度员和观察员在工作中，要顾全大局，实事求是，一切从实际出发，不弄虚作假，谦虚谨慎，以人民的利益为己任，共同完成好航空护林任务。

（2）调度岗位与通信岗位的关系

通信联络是保障航空护林信息迅速、准确传递的工作，是调度员的耳目。在工作中，有网络操作人员、无线电操作人员等，与调度岗位也是紧密配合关系；调度与通信岗位工作的人员，同样需要互相理解，互相支持，各司其职，各负其责，以便共同完成好航空护林任务。

此外，调度人员在完成统计和积累飞行扑火资料时，应主动与科研部门联系。调度人员对资料，必须认真整理、准确填写、完善存档，为科研提供可靠的资料。而科研成果要在生产实践中检验或投入应用，也离不开调度人员所提供的必要生产工具，所以，二者密切联系，不可分割。

5.2　航空护林调度工作职责

在航空护林事业发展的不同阶段，其调度工作的任务也有所不同。如果加以细化，主要体现就是调度工作职责。调度工作职责是在历史进程中逐渐形成的，这已成为今天工作中应遵循的原则。

按照我国当前航空护林管理体制，可将调度工作职责分成为两级：局级（北方航空护林总站、南方航空护林总站）和站级（各航空护林站、点）。

5.2.1　局级调度工作职责

①认真执行上级指示、决定，并及时向领导报告，按照领导的要求向有关方面传达、贯彻　这里所说的上级，既指国家林业局、局森林防火办领导，也包括总站的领导。由于调度工作的岗位和特点，决定了上级领导可以随时、直接向调度员了解飞行灭火等情况，并做出对某一问题的处理决定。这就要求局级调度员必须尽职尽责，认真贯彻上级的指示、决定。北方航空护林总站是对东北、内蒙古林区的各航空护林站实施行业管理和业务协调、指导单位；南方航空护林总站是西南林区各航空护林站的直接领导和管理单位；南北两个航空护林总站同为国家林业局的直属单位。因此，局级调度员既要执行好上级的指示、决定，又要认真负责地将领导的指示及时传达到各处（室）和航空护林站，同时将贯彻执行情况要向领导反馈。

②制订航期工作计划，起草业务工作总结　航期工作计划涉及行政、财务等各个业务部门，是航空护林的工作有序进行的保证。因此，要对航期各个阶段的主要工作进行详细安排，提出明确要求，经局级领导批准后，及时向各航空护林站和处（室）传达、贯彻并监督落实，以确保航期工作的正常开展。

③做好开航前的各项准备工作　包括熟悉巡护区范围内的自然和社会情况，了解中长

期天气预报，掌握地面森林防火设施和扑火力量部署；检查调度室设备和各类图表配备，以及各航空护林站的航空护林工作准备、完好情况；熟悉航空护林租机合同签约内容和调机情况等。按规定做好航期值班安排、抽查工作。

④参与研究、解决航空护林工作中的技术难题　协助领导拟订、组织、开展业务技术培训和有针对性地进行科研及学术交流工作；努力探索、了解、掌握国内外有关航空护林的新技术、新成果，结合实际消化应用；同时，负责管理、维护调度工作的设施、设备以及按需要编制更新计划，提供给计划部门按规定程序立项并作为批准采购的依据。

⑤拟订租机合同文本，参与签订租机合同　每个航期到来之前，北方航空护林总站、南方航空护林总站需与各供机单位签订航空护林租机合同、航行地面保障协议，这是签约各方共同完成航空护林任务的基本依据。在签约之前，局级调度员要在领导的授意下，主动联系、征求当地森林防火指挥部对各航空护林站飞机配备意见，各供机单位所能提供的飞机数量等，就航空护林任务、开航与结航日期、需求与可提供飞机数量、地面各项保障等，进行多边磋商，然后在拟订租机合同文本。租机合同文本要明确签约方的权利和义务，以便适时召开租机合同会议时协商、签约。

⑥监督、检查、指导各航空护林站航空护林飞行灭火工作　巡护和扑火抢险救灾飞行，是航空护林工作的中心环节，也是调度工作的重要内容。虽然巡护和扑火飞行由各航空护林站、点具体组织实施，但局级调度员负有总揽全局、监督、指导、调配飞机和飞行航线的任务，尤其在组织或支援、协助扑救重大、特大森林火灾时，局级调度员在本单位领导和扑火前线指挥部的统一领导下，应与各航空护林站紧密团结，同心协力，大力支持、协调和支援抢险救灾工作，尽力减少森林资源损失。

⑦全面掌握航站工作情况，帮助、指导各航空护林站业务工作　局级调度人员，一方面需要对林区的经济、环境、社情、民情、文化、火情等有计划地进行调查，全面分析森林防火和航空护林形势；另一方面要了解、收集并掌握有关行业的情况以及本单位各业务处、科和各航空护林站、点的工作情况，做到心中有数。对各航站、点提出的问题要及时报告、处理、答复；如发现无效飞行或存在安全隐患等情况，调度员在适当提醒的同时，要立即向领导报告，必要时建议领导以所在单位的名义发出通知或指令，以杜绝不良情况再度发生，尤其对于危及飞行安全、严重影响业务工作开展的典型事件，必须及时发出通报，以儆效尤。

⑧针对火场蔓延趋势，提出采取综合扑火措施的建议　森林火灾的蔓延，在特定的环境下瞬息万变，尤其是重大、特大森林火灾，其火线、火头的蔓延速度不同、险情有异。局级调度员要通过各航站、点上报的有关情况，尽量掌握火场的蔓延势态，经过综合分析之后，向领导建议实施机(索)降扑火、吊桶灭火、航空化学灭火或地空配合等有效的扑火技术措施，以达到快速扑灭森林火灾之目的。

⑨掌握飞行灭火动态，合理使用飞行费　局级调度员应以高度的责任感，准确掌握航站、点的飞行灭火动态，将这种活动与经济效益密切联系，从中发现问题，及时向领导汇报，以采取行之有效的措施，确保合理使用飞行费，提高航空护林效益。

⑩坚守工作岗位，做到不脱岗、不漏岗，脑勤、手勤，按规定做好各种记录和及时请示报告　这是航空护林工作对调度岗位的基本要求。调度员既要爱岗敬业、坚持每天24

小时值班，又要勤奋工作、妥善处理相关业务事宜，才能推动航空护林业务工作顺利进行。

⑪收集、整理、汇总、统计、积累业务资料　航期开始前、进行中和结束后，收集、整理、汇总、统计、积累业务资料，是调度工作的重要内容之一，应该认真、持之以恒地办理。力保资料的准确性、完整性，并按要求及时归档。

⑫规划、审定和调整固定航线　各航空护林站、点根据本巡护区实际情况规划出的固定航线，局级调度员要根据森林分布、地形、地势、火险情况，相邻航站的固定航线规划等，对各航空护林站、点规划的固定航线，组织相关人员进行平衡和调整。在平衡、调整航线时，既要注意和照顾各航空护林站、点之间的衔接，又要避免航线的重叠，以提高火情发现率。一旦发生重大、特大森林火灾时，局级调度员要特别留心了解、掌握火情动态和火场扑救情况，做好调动飞机、安排各级领导亲赴火场组织抢险救灾或视察、慰问等各项准备。在森林防火关键时期，局级调度员对站级调度员申报的临时飞行计划，要及时审定、批准和监督。

⑬完成好中心(总站)领导交办的其他工作任务。

5.2.2　站级调度工作职责

站级调度是航空护林工作的组织者、实施者，其工作职责比局级调度更直接、更具体，对航空护林效益的提高负有更重要责任。

(1)执行本单位领导旨意，接受局级调度员指令

在我国东北、内蒙古林区，站级调度员接受北方航空护林总站调度的业务帮助、指导；在西南林区则在南方航空护林总站的直接领导下，按规定开展工作，并执行总站的指示和认真及时地向总站请示报告工作。

(2)规划本巡护区的固定航线，并向上级申报

每一个森林防火期开始之前，站级调度的一项重要工作，就是规划本巡护区域内的固定航线。规划航线要遵循规划固定航线原则，并结合本巡护区内的地面森林防火设施、设备、社情和民情变化的客观实际，进行科学、合理地规划后，报局级调度室审定。

(3)根据森林防火需要，提出飞机配备计划

站级调度在充分征求当地政府森林防火指挥部门的意见之后，根据新任务、新要求、新情况等实际需要，参照常年飞机配备情况，提出本航期本站飞机配备计划，以及每架飞机的计划飞行小时、调入、调出基地日期等，经本站领导同意后，报局级调度室审定。

航站配备飞机的依据：每一个航期，在每一个航空护林站都要配备一定数量的飞机，开展航空护林工作。航站配备飞机计划，由航站与当地森林防火管理部门会商后上报所在省(自治区)森林防火指挥部，同时报给航空护林行业管理部门。各地、各航站依据当地森林防火实际和多年的工作经验提出配备飞机计划。目前，尚缺合理地、科学地配备飞机标准，应当制定航站配备飞机标准，目的就是合理科学地配置飞机，既能完成航站巡护区的航空护林任务，又能充分发挥飞机在预防和扑救森林火灾中的作用，获得最好的经济效益。同时，也可以缓解目前直升机机源严重不足的矛盾。

经验法配备飞机的依据，主要是根据森林火灾、巡护区面积、地面防火设施和林情等

进行综合分析，确定配备飞机计划。主要依据是：

①巡护区域内森林火灾次数的多少和严重程度　航空护林站的建设，一般选择在森林火灾多发的林区腹地，火灾的多少和每次森林火灾造成损失的严重程度，是航站配备飞机多少的重要依据。对于巡护区域森林火灾频发、火窝地域较多的航站，不但要配备较多的飞机，而且要在空中直接灭火能力的提高上给予重点部署。

②航站巡护区面积的大小　每个航站都有数百公顷的巡护责任区，承担本区域内的巡护、侦察火情、森林火灾扑救等任务。一般情况下，用于巡护的飞机数量，在戒严期火情多发时段，从 10：00 ~ 16：00，每架飞机飞行 2 架次，能够将本航站责任区基本巡护一遍，不留巡护盲区。每一架次巡护飞行所能观察到的面积的大小，与飞机的飞行高度、水平能见距离和能见度密切相关。当能见度良好，飞行高度为 500 米时，水平能见距离为 25 千米；当能见度良好，飞行高度为 1500 米时，水平能见距离可达 48 千米。巡护飞行中，一般按照飞机两侧各 25 千米的能见距离乘以飞行距离计算出巡护面积（飞机经过检查点时重复观察到的面积不计）。

③地面瞭望塔的密集程度　地面瞭望台的疏密，与配备巡护飞机关系密切。西南广大林区的地面瞭望设施较少，应增加巡护飞机数量；东北、内蒙古林区的地面瞭望设施比较完善，巡护飞机的数量相对减少。吉林省敦化航空护林站，根据地面瞭望台成网的实际情况，航期不配备巡护飞机，增加了直升机的配备数量，并开辟了长白山直升机点。对于地面瞭望密度较大、森林火灾较少的航空护林站，敦化航空护林站的成功做法是值得借鉴的。

④林区地貌特征和社会情况　各个航站责任区的地貌和社会情况不同，配备的飞机数量各异。只有对林区交通公路、居民点、防火设施、山势陡缓、海拔高低等进行综合分析后，才能确定配备直升机和固定翼飞机的数量。

⑤飞行费控制指标的多寡　每年的飞行费控制指标是影响配备飞机数量的因素之一。正常年份有一定的飞行费做保障，可以预订配备计划中的绝大部分飞机，保证航空护林工作的开展。各航站正常年份的配备飞机数量见表 5-1。

配备飞机标准规定了每个航站在正常情况条件下应当配置的飞机数量，在特殊情况下，可以增配飞机，也可以在火情多发的情况下从相邻航空护林站调配飞机支援。

5.3　固定航线的规划与飞行计划的制订

固定航线是飞机在执行任务时的空中飞行路线。在森林防火季节，一般根据森林防火需要安排飞机在固定航线上飞行。固定航线以航空护林站、点为起始点和终到点，其间以地面明显的地物标作为检查点（转弯点）与之连接。

固定航线是相对临时航线而言，巡护飞行一般沿着规划好的固定航线飞行。但在实际工作中，根据森林火险等级预报和火灾突发性强的特点，或者根据救灾特殊需要，往往需要规划临时飞行航线。在站、点巡护区内，安排临时航线是会经常遇到的，且大多不需空管部门专项审批；但飞越本站巡护区执行任务、特别是在国境线附近的临时航线，需要提前申报，获得批准方可执行。

5.3.1 规划固定航线的原则

根据森林分布、地形地势和森林防火需要并结合飞机的性能等方面，以本航空护林站、点为中心，规划固定航线。航线向四周辐射状展开，使飞机沿航线飞行时力求能够最大限度地监护到本巡护区内的森林。飞机巡护时，地面的村镇河流、森林、植被、地形地势等，可以清楚地看到。由于可视范围受天气、地形、飞行高度等影响较大，所以，固定航线的检查点必须明显、醒目。规划固定航线一般应遵循以下原则：

(1)保证重点，兼顾一般

在航空护林站、站巡护区内，有保护价值较高的森林地域，也有森林火灾多发地段。因此，规划固定航线时，必须从全局出发，统筹兼顾，量力而行，保证重点。这样，在安排飞机的每次巡护时，就能保证对重点林区和火灾频发区的监护，提高森林火情发现率，利于"预防为主，积极扑灭"方针的贯彻落实。

(2)根据飞机性能和地标情况，确定航线检查点(转弯点)和长度

每种机型飞机的性能不尽相同，体现在巡航速度、续航时间、最大商载量、实用升限、抗风力标准等，在执行航空护林任务中，这些主要性能数据会经常用到。在规划一条航线时，既要保证森林消防任务的完成，又要确保飞机按时安全返回机场。通常以保证固定翼飞机巡护的油箱留足1个小时的备份燃油、直升机油箱留足半个小时的燃油，同时将飞机在航线范围作业，如观察、勾绘、空投等也综合考虑、留有余地，作为规划固定航线长度的基本依据，否则，规划出的航线就失去了价值。过去曾出现过因规划航线一时疏忽而难于完成任务的情况。1988年春季，大兴安岭林区四安山发生森林火灾，航站调度员规划了长度为370千米的临时航线，安排M-8直升机前往执行机降扑火任务，而这架飞机带的是小油箱，续航时间只有1小时50分钟，途中又没有加油起降场，结果未到四安山就不得不中途返航，致使没有完成机降扑火任务。

(3)相邻航线间距应大于25千米，避免航线重叠

航线间距太大，飞机巡护时，有的林区不在可视范围内，因而出现盲区；航线间距太小，容易造成巡护重叠，造成飞行费用的浪费。在我国东北、内蒙古林区，已有16个航空护林站、点，初步形成了合理的格局。站、点之间最近距离仅150千米、巡护区面积最大的约8万平方千米，最小的仅2.6万平方千米，这种情况尤应相互沟通、加强协作，共同调整和规划航线。因此，在具体运作中，既要保持巡护密度，又应避免站、点间的巡护范围的过多重叠，以免造成不必要的浪费，提高航空护林效益。

(4)固定航线的检查点(转弯点)要明显、清楚

以机场为中心的每一条固定航线，往往需飞越几个、甚至多个检查点以后，才能返回到机场。因此，检查点是否明显、清晰、易辨，既对航空安全有重要意义，又关系到巡护效益的提高。所以在实际工作中，常常选择地面上容易识别的标记作为检查点，例如，城镇、山峰、河流的交汇口或河流明显转弯处等。在人烟稀少、交通不便或地物标较少的原始林区，一般以较小的山头或高地、有特点易识别的河流、林区固定瞭望塔、防火检查站和房舍作为航线检查点。

（5）规划边境地区的固定航线，要遵守国家有关规定

按照我国空域管制现行规定，航空护林飞行航线，距离国境线我侧最近距离不得小于10 千米。一旦遇到森林防火抢险救灾特殊紧急情况，需要进入国境线我侧 10 千米范围内，必须申报，同意后飞机才能起飞执行抢险救灾任务。

（6）规划固定航线，要尽量消除盲区

规划航线要全面考虑，力求合理布局，以使航线能够全部覆盖本巡护区，不留空白。对航空护林站、点之间相互毗连的航线，要注意相互沟通、协商，或者由总站、中心统一调配，以使每条航线均有巡护价值。

总之，规划固定航线，要建立在调查研究、充分协商的基础上，力求做到以保护森林为中心，全面安排、科学合理、避免重叠、消除空白，才可能提高对森林火情的发现率，更好地完成航空护林任务，有效地保护森林资源的安全。

5.3.2　制订飞行计划

航空护林飞行计划，是指根据当地森林防火工作需要和站、点可能承担的航空护林任务，并结合航期工作特点制订的。安排各种飞机的飞行计划，包括季计划、月计划、周计划和日计划。日计划是实现月计划和季计划的基础。具体地讲，日计划包括机型、机号、起飞机场、目的地机场、各检查点、飞行高度、实施任务、随机观察员以及预飞时刻等项内容。

（1）制订飞行计划的依据

制订飞行计划，一般应遵循以下依据：

①在学习、贯彻《中华人民共和国森林法》《森林防火条例》和中央、地方有关森林防火法规、政策、指示精神的基础上，结合航空护林的任务和实际，加强领导、统一部署，在航站制订飞行计划的基础上，总站、中心全面核实、重点调整，确定本航期的飞行计划，并认真组织、监督周、月、季飞行计划的实施和抢险救灾工作的开展。

②遵循森林火灾的发生、蔓延规律，按照当地森林防火实际需要，以及影响森林火灾发生的诸多因素和出现的新情况，适时调整飞行计划，具体安排日飞行计划，以确保森林防火抢险救灾工作的正常进行。

③依据各种飞机的主要性能，制订飞行计划。各种飞机的主要性能不同，其飞行计划应与飞机可能发挥的作用相匹配、吻合。这些在实际工作中，都应该有合理、恰当的安排，飞机的作用才可能充分发挥，否则，就会影响到飞行和扑火效能的发挥，甚至危及航空护林的安全。

④依据航空护林工作的特点，制订飞行计划。在长期的航空护林工作中，调度岗位同样也积累了丰富的经验，创新了诸多技术性较强的方法；在制订飞行计划时，要充分应用经过实践检验是正确的方法，尽力争取航空护林飞行计划安排更科学、合理，以促进事业的不断创新和持续发展。

（2）制订飞行计划的原则

①保证重点，兼顾一般　巡护区内，一般有重点保护区、火灾频发区；非重点地段的森林火灾也有可能蔓延、殃及重点保护区域。所以，制订巡护飞行计划，要保证重点，兼

顾一般，既能保证飞行计划适应当地森林防火需要，又能适应航空护林工作的进行。

②科学合理、节约高效　航空护林的任务，是保护人类赖以生存的森林资源，既是一项社会活动，同时也是一项经济活动，所以在制订飞行计划时，要发挥人的能动性，考虑人为活动的特征，使飞行计划达到科学合理、节约高效、节约飞行费。

③因时制宜，适时调整　在不同的森林防火时段，飞行计划的实施区域和密度有所不同，这就要求飞行计划因时制宜，围绕工作重点而制订飞行计划；正常情况下，每日的飞行能够按计划实施，航空护林工作有序进行。可是森林火灾的偶然性和突发性，飞行计划往往需要变更，这就要求随时调整计划，以适应森林火灾发生的新情况和抢险救灾需要。例如，执行机降扑火任务的飞机在返回基地途中，又发现了新的火情，这就必须立即给基地调度室报告，批准后改航去侦察火情；基地调度根据火场情况报告，确定应当采取的扑火措施，并制订、发出临时飞行计划，通知有关人员做好各项扑火准备，执行新调整的飞行计划。

5.3.3　飞行计划申报规定

在申报飞行计划时，必须执行有关规定。其基本内容主要包括：

①申报飞行计划，内容必须完整，时间必须准确。

②次日飞行计划，必须在当天 15:30 前申报。

③临时飞行计划，必须是紧急森林火情或急救飞行。

④飞行计划申报方式以网络为主，传真、电话为补充手段。确因网络发生故障不能申报时，用传真申报；传真不能申报时，再用电话申报。

⑤在申报飞行计划之前，凡涉及加降飞行、转场飞行、空运飞行等飞行任务时，航站必须先向北方航空护林总站或南方航空护林总站局级调度室请示，待批准后再行申报。

⑥利用网络申报临时计划时，必须提前请示局级调室。

⑦利用传真、电话申报飞行计划时，待网络故障排除或畅通后，及时利用网络补报。

⑧用电话申报飞行计划时，应写好发话提纲，同时尽量使用录音电话，发话方叙述要简练、准确、完整，受话方要详细记录，以便必要时双方核对。

5.4　航空护林表格名词含义及填报要求

5.4.1　航空护林专业名词的基本含义

（1）调机

调机就是将飞机从甲地调至乙地。具体地讲，有将飞机从航空公司所属机场调到航空护林站的，也有从站调回航空公司所属机场的；也可以是飞机在站与站之间往返调动。调机时间，是指飞机从甲地起飞时，至到达乙地着陆时的空中飞行小时。

（2）调入

这里指飞机调入的日期。在租机合同中，飞机调入日期有明确规定，在具体执行过程中，使用方和供机单位还可以协商具体的飞机调入日期，推迟或提前调入。所以，调入是指租机合同或双方协商确定的飞机从供机单位所在机场调到航站所属机场的日期。

（3）调出

调出指按租机合同规定或双方协商确定的飞机从航站所属机场起飞当天的日期。

（4）替换

替换指航空公司内部调整飞机飞行小时所采取的飞机代换。用一架飞行小时较多的飞机代替在航空护林站、点飞行小时不多的飞机，这种内部调配，航站不用支付因替换飞机而发生的飞行费。若航站、点因抢险救灾需要，飞行小时超出租机合同计划小时而替换飞机，应当按飞机定检收费标准支付飞行费。

（5）定检

每种机型的飞机、飞行额定的小时后，必须停飞检修，都有其技术指标；当飞行至一定小时数，就要飞回原基地或其他基地进行检修，这称为定检。定检往返的飞行时间及其所发生的飞行费，按照《租机合同》中的有关规定执行。

（6）巡护

就是航空护林飞机沿固定或临时航线，在林区上空一定高度飞行，并在空中观察可视范围内地面森林是否发生森林火情，将侦察到的情况及时报告给航站、点调度室，称之为巡护。这种飞行过程所发生的飞行小时，应统计填写在巡护栏内。

（7）加降

飞机在执行任务途中，在某地着陆，以完成送人或物资的任务后立即起飞，继续执行主要任务的飞行活动。实际工作中送森林防火各类人员、送器材和物资设备、乃至调查火烧迹地等所花费的飞行小时，应统计填写在加降栏内。

（8）观察

观察指对巡护区内森林物候期、积雪融化程度和与森林防火相关自然、人为因素等情况的察看。其飞行时间统一填写在巡护栏内。

（9）培训

这里专指使用航空护林飞机对业务人员进行空中训练的飞行时间。包括带飞新观察员、培训指挥员、考核观察员等。

（10）载巡

载巡是载人巡护的简称。即飞机在执行巡护任务时，扑火队员也随飞机飞行，并配合观察员巡视地面情况，一旦发现火灾情，可以立即采取机（索）降、伞降等手段，实施抢险救灾。载巡包括直升机载人巡护、固定翼载人巡护和直升机升高瞭望。其飞行时间统一在载巡栏内。

（11）三清

三清指使用飞机执行"清山、清林、清河套"等任务的飞行。

（12）化灭

化灭是航空化学灭火的简称，也称航化灭火。指飞机装载化学灭火药液对火场实施扑火作业的飞行。航空化学灭火作业的飞行小时，统计在化灭栏内。

（13）看火

根据地面报告的发生森林火灾的地点，派飞机进行侦察、核实，或者对已知的火场进行侦察的飞行，统计中简称看火。

（14）火情

火情指飞机直飞地面或空中报告的火场发生地点，并对所报情况进行核实的飞行。其飞行时间统计在火情栏内。

（15）热点

热点指使用飞机对卫星监测到的地面发热点进行观察、核实的飞行。

（16）勾画

使用飞机对森林火灾面积、火烧迹地等情况，空中侦察、并在地形图上进行勾画的飞行。

（17）机降

使用直升机将扑火队员空运至火场附近的飞行。

（18）倒人

使用直升机自航站、点所在机场起飞，在一个火场内连续将扑火队员从一处空运至另一处；或者在两个火场之间转运扑火队员，以方便调配扑火力量，然后再回到本机场的飞行。

（19）接人

一般是指用直升机到火场将扑火人员接回驻地的飞行。

（20）吊桶

使用直升机外挂吊桶载水运往火场、实施洒水扑火的飞行。

（21）吊囊

使用直升机外挂吊囊载水运往火场、实施洒水扑火的飞行。

（22）洒水

利用机体内水箱或机腹式水箱对火场实施洒水扑火的飞行。

（23）索降

索降指直升机运载扑火队员飞抵火场附近上空悬停，扑火队员依靠索降设备降至地面的飞行。

（24）滑降

滑降指直升机运载扑火队员飞抵火场附近上空悬停，扑火队员依靠滑降设备降至地面的飞行。

（25）空运

使用直升机或固定翼飞机运送物资、扑火工具、器材、生活用品等的飞行。但执行森林火灾扑救空运任务，多数情况下都由直升机承担。

（26）空投

空投指将飞机运载的物资如扑火工具、生活用品等从空中抛向地面指定目标的飞行。

（27）急救飞行

使用飞机抢救森林火灾扑救现场的负伤或病重人员以及其他人员的飞行。实施急救任务飞行，一般安排直升机执行。

（28）宣传

为了迅速、广泛地宣传群众、扩大影响面，有时使用飞机在林区城镇居民点上空抛撒森林防火宣传品，如宣传单、宣传手册等，也可以由直升机悬挂宣传森林防火标语或条幅，或者进行空中广播宣传。

（29）转场

一般指飞机到其他航站、点支援扑火救灾或到其他的地方执行任务当日不能返回，也包括飞机从野外或其他航站、点隔日返回本场的飞行。

（30）训练

训练指飞机执行要求较高的特别业务，如各种航空护林扑火表演、机群综合演练、地空通信试验等的飞行。

（31）试飞

飞机进行定检或故障排除后，机组自行安排的带有检验、训练性质的飞行，或者初次执行航空护林任务的机组调机至航站、点后，为熟悉情况，确保飞行安全，而安排的本场范围的适应性飞行。这类飞行时间不计入航空护林飞行时间之内。

（32）科研

科研指飞机执行科学研究和试验的飞行小时。

（33）起飞时刻

固定翼飞机的起飞时刻，是指飞机运动至跑道一端、对准起飞方向，加大马力起飞的瞬间；直升机的起飞时刻，是指加大马力后、飞机上抬、轮胎离地的瞬间。

（34）着陆时刻

飞机轮胎接触地面的瞬间。起飞时刻至着陆时刻为计费飞行时间。

5.4.2 各种报表的填写和填报要求

①所有飞行计划在飞行任务栏内要填写项目名称。

②飞行日报表及其他各种报表中的飞行任务栏也要填写项目名称。

③各种业务用表中机型的填写，按下列样式填写：

固定翼飞机：Y-5、N-5、M18、GA-200、Y-11、Y-12 等；

直升机：M-8、M-171、Z-9、AS-350、EC-135、BO-105 等。

④火场代号由航站、点名称前两个字的首位汉语拼音字母、年度（2 个字符）、火场顺序号（3 个字符）三部分组成。如 2005 年嫩江航空护林站巡护区发生第 8 起森林火灾，其火场代号为 NJ05008；2005 年海拉尔航空护林站巡护区发生的第 11 起森林火灾，其火场代号为 HL05011 等。每年，每个航站、点的每个火场只应该有一个编号，火场代号按照春航、夏航、秋航的顺序排续，火场代号不得重复。

⑤手工填写各种表格，一律用碳素笔或钢笔，填写内容要完整，字迹要清晰，时间要确切、计算要准确。

⑥表格中的随机人员，指跟随飞机执行任务的观察员。填写观察员时，只填写本人的代号，无代号填写姓名，如有两位以上观察员随机，只填写执行此次飞行任务的负责人。

⑦森林火灾的发现：按照空中发现、地面报告、卫星云图判读 3 种情况填写。

⑧森林火灾种类：按照《中华人民共和国森林防火条例》中对森林火灾的分类标准执行。在表格中填写火灾种类时，按火警、一般火灾、重大火灾、特大火灾 4 种填写。

⑨火势强弱程度：按强、中、弱 3 个等级填写。

⑩燃烧类型：按树冠火、地表火、地下火 3 种类别填写。

⑪申报时刻：是指此次飞行计划实施前向中心、总站调度室申请的时刻。

⑫气象标准：按执行此次飞行计划机长的飞行气象标准填写。

⑬飞行航线：按准备实施的计划航线，包括起飞机场、着陆机场、备降机场、飞行高度、预飞时刻等要素填写。

⑭本场实况：按预计起飞时刻前一小时整点的机场天气实况填写。

⑮航空化学灭火验收单，是结清航空化学灭火药剂的原始凭证，经航站化学灭火技术员验收，站长签章，单位盖章，方可有效。

【本章小结】

本章内容为航空护林调度工作概论，首先介绍了航空护林调度的概念、调度工作的地位与作用、调度工作与各业务岗位的关系；其次简述了航空护林调度工作职责与原则；然后阐述了固定航线的规划与飞行计划的制订；最后描述了航空护林表格名词含义及填报要求。

【思 考 题】

1. 简述航空护林调度的概念。
2. 论述航空护林调度岗位与各业务岗位的关系。
3. 站级调度工作职责是什么？
4. 飞行计划申报的内容有哪些？
5. 简述制订飞行计划的原则。

第**6**章

航空护林空中交通管制与航行地面保障

6.1 空中管制与飞行管制的定义

任何一个主权国家对自己的空域都有一套严格的管制规则，我国也不例外。为了保障航空器的有序运行和领空安全，国家对飞行制定了一系列规则和管制要求。与航空护林有关的飞行基本规则和航行管制规定，择要介绍如下：

6.1.1 空域管制

管制空域(controlled air space)是一个划定的空域空间，在其中飞行的航空器要接受空中交通管制服务。既允许有 IFR(仪表飞行)也允许有 VFR 飞行(国内称作目视飞行)，ATC(航空管制)机构负责提供所有飞行间的间隔，单在天气条件许可时，目视飞行员也要自行保持间隔。

管制空域通常划设在飞行比较繁忙的地区，机场起降地带、空中禁区、空中危险区、空中限制区、地面重要目标、国(边)境地带等区域的上空。在此空域内的一切空域使用活动，必须经过飞行管制部门批准并接受飞行管制。

根据所划空域内的航路结构和通信导航气象监视能力，中国将管制空域分为 A、B、C、D 四类：A、B、C 类空域的下限应当在所划空域内最低安全高度以上第一个高度层；D 类空域的下限为地球表面。

①A 类空域　A 类空域为高空管制空域，在中国境内，6600 米(含)以上直至巡航高度层上限的空间划分为若干个高空管制空域。A 类空域只允许 IFR 飞行，并对所有在其中飞行的航空器提供空中交通管制服务。高空管制区的空中交通管制服务由高空区管制室负责。

②B 类空域　B 类空域为中低空管制空域。在中国境内 6600 米（不含）以下最低高度层以上的空间划分为若干个中低空管制空域。B 类空域接受 IFR 飞行和 VFR 飞行，并对此在其中飞行的航空器提供空中交通管制。但 VFR 飞行须经航空器驾驶员申请并经中低空管制室批准。

③C 类空域　C 类空域为进近管制空域。通常设置在一个或几个机场附近的航路汇合处划设的便于进场和离场航空器飞行的管制空域。该类管制空域还是中低空管制空域与塔台管制空域之间的连接部分，其垂直范围通常在 6000 米（含）以下最低高度从以上，水平范围通常为以及机场基准点为中心半径 50 千米或走廊进出口以内的除机场塔台管制范围以外的空间。

④D 类空域　D 类空域为塔台管制空域，通常包括起落航线、第一等待高度层（含）及其以下地球表面以上的空间和机场机动区。D 类空域接受 IFR 飞行和 VFR 飞行，并对所有在其中飞行的航空器提供空中交通管制服务。D 类空域的空中交通管制服务由塔台管制室负责。

在管制空域，飞机的所有动态都需要经过管制员的许可。管制区域简单地可以分为程序管制和雷达管制：

①在雷达管制情况下，飞机的所有动态地面雷达都可以看见。当飞机和地面管制建立通信联系并被雷达识别之后，因为飞机实时在雷达监控下飞行，所以一般雷达主动指挥飞机通信和通信移交。

②在程序管制下，由于地面有可能通过雷达识别到飞机，也有可能根本看不到飞机，由于程序管制规则，飞行员需要在每个航图上规定的需要报告的航路点主动报告飞机位置和信息，管制员依照这些信息协调飞机的活动。

根据国务院、中央军委 8 月印发《关于深化低空空域管理体制改革的意见》（下称《意见》），低空空域改革试点自 2011 年起开始向全国推广。对于低空空域管理，将按照管制空域、监视空域和报告空域三类划设进行管理。管制空域，需要提前申请并接受航管部门管制指挥；监视空域，则仅需要备案，确保雷达看得见、能够联系上；报告空域，则类似于自由飞行。

6.1.2　飞行管制

飞行管制是指国家对其领空内的航空器飞行活动实施的强制性的统一监督、管理和控制，又称航空管制。

飞行管制的目的和任务是：监督和控制国家领空内一切飞行活动，协调各部门对空域的使用，为国土防空识别空中目标提供飞行计划内的情报，防止航空器与航空器、航空器与地面障碍物或其他飞行体相撞，维持飞行秩序，保证飞行安全。飞行管制机构通常是防空体系的组成部分。

实施飞行调配的基本方法是：用规定垂直、纵向、横向间隔的方法对飞行中的航空器实行分离，保持安全间隔，防止相撞。垂直间隔是指航空器之间保持的规定的高度差；纵向间隔是指在同一航线、同一高度上飞行的航空器前后之间保持的规定的时间间隔；横向间隔是指在同一高度上飞行的航空器的航线之间保持的水平间隔。对飞行中的航空器，还规定有安全高度,以防止与地面障碍物相撞。为防止航空器与地面对空发射的炮弹、火箭等飞行体相撞,固定靶场同航路之间留有安全间隔。对航路下的临时性对空发射点,通常限定其发射时间,在特殊情况下,改变航空器的航线、飞行高度进行避让。空勤组(或飞行员)在飞行中,须按照批准的飞行计划飞行。因特殊情况需要临时改变飞行计划的,必须经过许可。对违反飞行管制规则和来历不明的航空器,防空值班飞机可以强迫其在指定的机场降落。

当前不少国家为改善飞行管制手段,建立了飞行管制自动化系统。有些国家还发展军事飞行和民用飞行共用的飞行管制自动化设备,并使其成为防空作战组织指挥的辅助系统。

我国的飞行管制责任区分为:飞行管制区、飞行管制分区、机场飞行管制区、航路、航线地带和民用机场区域设置高空管制区、中低空管制区、进近管制区和机场塔台管制区(以机场为中心,周围半径 50 千米范围属塔台管制区)。具体包括如下:

①所有的飞行活动,都要预先提出申请,批准后才能放飞。禁止未获批准的航空器擅自飞行,同时不允许未经批准的航空器飞入空中禁区和临时空中禁区,以及国境线我侧 10 千米范围。

②转场飞行的开始和结束,要遵守预定的时间。确需提前或推迟飞行的,要经上一级飞行管制部门允许。航空护林飞行也要履行报批手续。报批申请的内容包括:任务性质、航空器类别、飞行(作业)范围、(预计)飞行活动起止时间、飞行高度、飞行条件等。航空飞行单位按批准的计划组织实施。

③飞行人员除必须做好飞行前的各项准备外,自起飞开车起至着陆关车止,必须与交通管制人员或飞行指挥员保持无线通信联络,并遵守通信纪律。飞行员开车滑行,要经空管人员或指挥员允许。滑行或牵引时,要遵守相关规定。

④空域飞行时,要按规定航线、航向、高度、次序进入或脱离空域。在机场空域内开始或结束飞行,要及时上报飞行管制部门。使用航路或航线飞行,要经相关的航行管制部门同意。穿越航线和航路飞行,要明确穿越的时间、地段、高度,并与航路、航线上运行的飞机保持规定的飞行间隔。飞行器的设备不可以进行复杂天气飞行,应按照飞行最低气象条件和安全高度作目视飞行。但在最低气象条件、距地面(或水面)高度 300 米下目视飞行时,飞机在云层底部运行距云层距离不能少于 50 米。

⑤航路、航线或转场飞行的垂直间隔,要按照高度层配备执行。即真航线角在 0 ~ 179°范围,高度 900 ~ 8100 米,每隔 600 米为一个高度层。高度 9000 米以上,每隔 1200 米为一个高度层。真航线角在 180°~ 359°范围内,高度 600 ~ 8400 米,每隔 600 米为一个高度层。高度 8400 米以上,每隔 1200 米为一个高度层。

⑥目视飞行应遵守以下原则:在安全间隔距离的情况下,可穿越其他飞机所占用的高度层。按指定的高度层在航线上飞行。不准进入云中、间断云中、特别浓积云中飞行。飞行中要加强空中观察,发现低于规定的天气标准时,必须立即返航。

⑦机场区域内的飞行开始和结束时间,需及时向航行管制部门报告。航路、航线或转场飞行,飞机抵达预定机场后,各项保障由该机场相关部门按规定(或协议)负责办理。

6.1.3 其他情况的处置

①为使通信、导航、雷达、气象、航行保障各部门各司其职、各负其责、协同配合，共同完成好航空护林抢险救灾任务，在召开合同（或协议）签约会时，一方面签约时要通过协商明确各自职责和配合的环节、方法，另一方面也可联系相关部门与会。

②执行抢险救灾、急救、人工影响天气等紧急飞行任务，可提出临时飞行计划，这类飞行计划的申请，最迟要在计划实施的1小时前向机场空管部门申请。空管部门批准或不批准，应在计划飞行前的15分钟通知申请单位（或申请人）。

③申请使用临时空域、临时航线进行航空护林作业：这在我国东北、内蒙古林区和西南林区略有不同，东北、内蒙古林区用于航空护林的机场，大多属于航空护林单位自建、自管机场，而西南林区航空护林使用民航或军航的机场，协调涉及单位较多。使用临时空域、临时航线飞行，一般按以下程序办理：在机场区域内的飞行，由机场飞行管制部门批准；超出机场区域而在飞行管制分区内飞行，由该分区飞行管制部门批准。超出分区而在飞行管制区域内飞行，由该区域飞行管制部门批准。超出飞行管制区域的飞行，由中国人民解放军空军飞行管制部门批准。

在通常的情况下，参加每年春、秋（冬）两季航空护林作业的民航和军航的飞机，其作业区域和航线，需经所在地民用航空管理局和中国人民解放军空管局批准。

④需对森林火灾实施直升机机索（滑）降扑火时，起降场地要选在火场上风方向，且直升机着陆后不"关车"、距火场边缘不能少于300米。若着陆后需要"关车"，一是飞机距火场边缘应在2千米以上；二是不准机组离开直升机。

⑤直升机在野外起降场：要尽可能选择净空条件好、场地坚实平坦、场地长和宽不应小于旋翼直径的2倍。相邻的两个直升机起降场地的距离也应大于旋翼直径的2倍。如果直升机在野外有条件助跑起飞，其跑道的长度要大于机身长度的4倍。

⑥发生重大森林火灾需调集多架直升机跨区扑火时，有关的航站要紧急申报计划。中心、总站更要抓紧协调，以便抢险救灾工作尽快实施。飞机到达预定机场后，所有参加扑火的直升机，其飞行计划由中心、总站或当地航空护林站安排，所在地管制部门或移动航站统一指挥飞行。

6.2 空中交通管制的组织与实施

飞行的组织与实施是航空护林的重要内容。航空护林飞行管制应严格按照有关规定执行，包括《中华人民共和国民用航空法》《中华人民共和国飞行基本规则》《中国民用航空空中交通管理规则》《中华人民共和国通用航空飞行管制条例》等。

航空护林飞行一般采取昼间云下目视作业。西南林区的航空护林飞行，基本上都是使用民航或军航机场，除直升机起降场外，林业部门没有自建机场，其作业的空管和实施按照有关规定分别协调进行；而东北、内蒙古林区林业自建机场较多，其空管和航空护林工作实施，东北与西南大体一致，但具体实施略有差异，例如，东北林业部门自建的机场管制员大多兼签派员，而西南不需要。本章按照航空护林特点，仅就空管及飞行保障内容予以介绍。

6.2.1　航空护林飞行的四个阶段

6.2.1.1　飞行准备阶段

准备阶段是组织飞行的重要环节。每次飞行前都要进行充分准备，预评可能发生的各种复杂情况，拟订出指挥方案，以保证飞行任务的完成。

准备会议通常于飞行前一日进行，由空管和各有关保障部门人员参加。其主要内容是研究飞行计划，解决飞行工作中存在的问题，并拟订出飞行计划。拟订飞行计划的依据是：航空护林调度员提出的飞行申请、飞机的准备情况、机组人员安排、机场燃油供应和气象情报、机场设备保障情况等。拟订好的飞行计划，于飞行前一日 15：30 前向总调度室申请，并通知航空护林站内部的各保障部门。空管部门应将所有次日飞行计划填入飞行动态记录表中。

6.2.1.2　飞行直接准备阶段

飞行直接准备阶段即飞机起飞前所进行的准备工作，以保证飞机按照预计起飞时刻起飞，并争取飞行正常。直接飞行准备主要研究天气情况、检查飞行前的各项保障工作，以决定放飞。

空管部门在飞机起飞前 1 小时 30 分钟收集以下情况：

①起飞机场、目的地机场、备降机场、航线（路）天气实况和预报。

②飞机的准备情况。

③航线、机场设施和空中交通服务情况。

④影响飞行的其他情况。

空管部门还应该检查飞行人员是否按规定时间到达现场并进行飞行直接准备、了解准备情况是否合乎要求（飞行人员到达岗位的时间，由航空公司根据飞机的型别规定，但不得晚于预计起飞前 1 小时）；向机长提供安全飞行所必需的航行资料和气象情报、与机组配合解决机长提出的要求、了解飞行场道、机坪以及地面保障情况；如果发现机组人员思想和健康不适合飞行，应立即采取必要措施，决定推迟或者取消飞行，并向总调度室和值班调度员报告；空管人员在确认能够安全飞行后，与机长共同在飞行放行单上签字。

6.2.1.3　飞行实施阶段

飞行实施阶段是飞行四个阶段中关键阶段。飞机的一切活动除机组成员的直接行为外，很重要的是依赖于地面的服务。

飞机起飞后，空管部门将起飞时刻向总调度室报告；并掌握本管制区域、着陆机场、备降机场的天气演变情况；有重大变化时及时通知机组；掌握在责任区域内飞机的飞行状态，并按时与飞机保持联络；如果在某些地区不能建立直接联络时，可委托其他管制部门或飞机代为联系；在复杂气象条件和特殊情况下，机长不能执行原定飞行计划时，应协助机长正确处理；在实施过程中，机组如有严重违反飞行纪律现象或者发生事故征候时，要按规定填写报告表，以备进行讲评、上报总调度室。

在高原机场起飞前，飞机上的气压高度表的气压刻度不能调整到机场场面气压数值的，应当将气压高度表的标准海平面气压值调整到固定指标，然后起飞和上升到规定的飞行高度。

在高原、山区飞行，必须注意航空器上气压高度表与无线电高度表配合使用。

6.2.1.4 飞行讲评阶段

讲评即总结提高。通过讲评，对完成任务、飞行安全和飞行质量、飞行组织与实施各项保障工作做出正确评价。对于发现的问题，尤其是安全、质量、技术方面的问题，要认真分析原因，总结经验，接受教训，提出改进措施。对于违反规章制度的人员，应当进行教育和处理。飞行讲评阶段的主要内容是：飞机降落后，按规定时间向总调度室报告落地时刻；听取和收集机长关于飞行经过和影响飞行不正常情况的汇报；对飞行中发生的事故、事故征候和不正常的情况，应当通过讲评和处理向有关部门报告；飞行讲评应当充分准备，抓住重点，民主讲评。

6.2.2 开车与滑行管制

飞机的开车与滑行是在机组和各勤务保障部门完成了大量准备工作之后进行的，是飞行的重要环节，是保证安全的第一步，不允许有任何疏忽。

（1）飞机开车前，塔台管制员要求

①确定天气、检查风向风速仪，检查通信、导航设备，校对时钟、校正高度表。

②起飞前20分钟，开启有关的通信导航设备。

③确定该飞机离场程序，填写进程单，了解飞机停机位置。

④安排开车后的滑行路线、起飞所用跑道和离港指挥预案。

⑤机长请求开车、滑行时，根据其飞行预报、管制范围内飞机活动情况等，决定开车顺序，告知起飞条件和离场程序。

（2）飞机滑行规定

①飞机在机场机动区域内的一切滑行或某些牵引，都必须事先向塔台申请，经许可后，方可滑行或牵引。

②不准安排飞机对头滑行。如两机对头相遇，应减小速度并各靠右方滑行，且两机翼尖的间隔不小于10米；交叉相遇，飞行员自座舱的左方看到他机时，应当停止滑行，主动避让。

③飞机滑行和牵引速度，分别不得超过50千米/小时和10千米/小时，在停机坪和障碍物附近，只能慢速滑行；翼尖距障碍物小于10米时，应有专人引导，否则停止滑行。

④跟进滑行时，后机不得超越前机，后机距前机的距离，应当符合尾流间隔的规定。

⑤滑行时，不得用大速度转弯或者完全刹住一组机轮转弯。

⑥具有倒滑性能的飞机倒滑时，必须有地面人员引导。

⑦需要通过着陆地带时，机长在滑进着陆地带前，必须判明确无起飞、着陆的飞机、并经塔台允许时，才能通过。

⑧夜间滑行(牵引)时，必须打开航行灯和滑行灯，或者间断地使用着陆灯，用慢速滑行。

⑨直升机可在距离障碍物10米以外，1～10米的高度上飞移，飞移速度不得超过15

千米/小时。

⑩滑行、飞移中，机组应当注意观察，发现障碍物及时报告机长，以便采取有效措施。

（3）飞机开始滑行时，塔台管制员要求

①出港飞机（或脱离跑道后的着陆飞机）开始滑行时，密切注意其位置和滑行动向。

②着陆的飞机滑到停机坪，看见地面指挥时，指示其脱波。

③出港飞机滑行到等待点时，根据当时的活动情况指令其在等待点等待或进入跑道起飞。

（4）在飞机滑行管制中应注意的问题

①对大型喷气飞机的滑行，道面及其两侧草地要求清洁、无碎石、纸屑和蒿草，以防吸入进气道造成堵塞或打坏涡轮叶片（螺旋桨）。

②在降雨和降雪中滑行时，能见度较差，影响视线，应提醒机长进行座舱风挡玻璃加温或打开风挡刷，加强引导并提醒机组注意观察。

③安排飞机滑行时，不应当从试大车的飞机后通过；必须通过时，要指令试大车的飞机减小油门，以避免吹坏滑行的飞机。

④大风中滑行时，应提供较宽的滑行道面，减小滑行转弯，必要时提醒机长锁住舵面滑行。

6.2.3　起落航线飞行管制

起落航线，即在目视条件下，保证机场上空秩序和安全而规定的飞行路线。飞机沿起落航线可进行起飞后的爬升、飞离机场加入航线、或由航线进入机场作目视着陆，以及在机场上空训练、试飞等。

起落航线按照飞机顺沿跑道起降方向分为左起落航线和右起落航线。起落航线的飞机，如果机长操纵以左转弯加入起落航线各边时，该起落航线为左起落航线；反之，则为右起落航线。

起落航线是以起飞至着陆为顺序，分别由一边、一转弯、二边、二转弯、三边、三转弯、四边、四转弯、五边所组成。起落航线范围的大小，视机型而有所区别。

6.2.3.1　起落航线飞行的规定

①起落航线飞行的高度通常为 300～500 米（低空小航线不得低于 120 米）；起飞后，开始第一转弯和结束四转弯的高度不得低于 100 米（夜间不得低于 150 米）。

②起落航线飞行中，不得超越同型飞机，各飞机之间的距离：A 类不得小于 1.5 千米，距 B 类飞机不得小于 3 千米，距 C、D 类飞机不得小于 4 千米，并应注意尾流的影响（夜间起落航线飞行中，不得超越前面的飞机，各飞机之间的距离不得小于 4 千米）。只有经过允许，在三转弯以前，速度快的飞机可以从外侧超越速度慢的飞机；其侧向间隔：距 A 类飞机不得小于 200 米，距 B、C、D 类飞机不得小于 500 米。除被迫着陆的飞机外，不得从内侧超越前面的飞机。

③加入起落航线的飞机，必须经过管制员的许可，并按照规定的高度顺沿航线加入。

④在起落航线上同时飞行的飞机数量，应当根据机场的地形、地面设备、机型等条件

确定。昼间，从塔台能看见起落航线上全部飞机时，不得超过4架；看不见起落航线某些航段上的飞机时，不得超过3架；C、D类飞机或者低空小航线以及夜间飞行时，不得超过2架。

6.2.3.2 起落航线飞行管制

塔台管制人员必须不断地监视每架飞机的飞行，并严格按照起落航线规定和机型性能，结合实际情况，实施飞行管制。

（1）飞机起飞并脱离起落航线的管制

飞机起飞、上升至开始第一转弯的高度后，若不需在本场爬高，可根据其航线角允许直接入航、左（右）转弯入航或沿第三边入航。在不妨碍起落航线上其他飞机飞行时，也可允许通过机场上空入航。

（2）飞机进入着陆时的管理

①飞机开始进场、距机场约5分钟左右，视情况指令其加入起落航线的位置，便于机长酌情选择进入起落航线的路线。

②根据进场航迹与着陆方向的关系，飞机有切入三边、加入三边、切入四边和长五边等几种加入起落航线的位置和方法。

③为确保飞机在起落航线上的最低安全间隔、避免危险接近和相互影响正常着陆，往往需要调整飞机之间的间隔距离，通常指令飞机延行一边、延长三边、在三边作机动转弯或准备复飞等方法进行调整。

④飞机凭仪表进场，不允许直接加入起落航线；当飞机按仪表进近程序着陆时，在进入五边的区域内，不准有其他飞机活动。

⑤有多架飞机同时进场时，塔台管制人员在看到飞机以前，应指令保持飞行高度差，同时提醒机长注意观察。

⑥条件许可时，不论飞机目视进场还是仪表进场，均可指令加入长五边进近着陆。

⑦长五边着陆的条件：飞机云下目视飞行进场的航向与着陆航向相同或者相差不大于45°，地形条件许可，机长对机场情况熟悉，又不影响其他飞机进入时，可以直接加入长五边着陆。

在起落航线上有其他飞行时，应指令脱离或加入起落航线，使其尽快脱离和尽快着陆，以减小同时在起落航线上飞机的数量。

若未经允许飞机自行进入起落航线，塔台管制人员要注意该机是否通话设备发生故障。如"示意"请求着陆，可优先准许；必要时，设法责成其他飞机避让，以消除由此造成的影响和危险。

对在紧急或特殊情况下进入着陆的飞机，应采取措施、优先安排着陆。

在高原机场降落时，航空器上气压高度表的气压刻度不能调整到机场场面气压数值的，应当按照空中交通管制员或者飞行指挥员通知的假定零点高度进行着陆。航空器上有两个气压高度表的，应当将其中一个气压高度表的标准海平面气压值调整到固定指标，而将另一个气压高度表以修正的海平面气压值调整到固定指标。

6.2.4 起飞、出港的管制

飞机的起飞过程，是由起飞滑跑、离地、平飞、增速、爬升等阶段组成。起飞时刻是飞机滑跑开始(机轮开始转动)的时刻。

起飞方法有 2 种:一是静止起飞,即飞机滑进起飞线后停住,进行起飞前检查,油门推至起飞位置,松开刹车起飞;二是滑进中起飞,即飞机滑进起飞线前已经做好起飞前的检查,滑入起飞线、未完全对正跑道前,就加油门,对正跑道后起飞。

直升机起飞也有 2 种:一是垂直起飞;二是滑跑起飞。

飞机起飞的过程中,状态变化大、操纵较复杂,纠正错误动作和处置特殊情况的时间短暂。因此,把好起飞关,是确保飞行安全的重要一环。

(1)飞机起飞的有关规定

①得到起飞许可后,应立即起飞;如 1 分钟内不能起飞,原起飞许可即失效,机长必须重新申请。

②起飞应使用全跑道;但是,机场、机型和气象等条件另有明文规定的,可不受此限制。

③应当逆风起飞和着陆;但是,当跑道长度允许,风速小于 3 米/秒时,经允许可顺风着陆;机场净空条件或者跑道坡度允许,且机场使用细则规定的飞机,才可以顺风起飞。

④在起飞线上遇有下列情况时,禁止起飞:起飞地带有其他飞机或障碍物;有复飞飞机、且高度在 100 米以下;先起飞的飞机高度在 100 米(夜间 150 米)以下。

⑤在跑道和起飞方向没有其他飞机和障碍物以及五边没有进入着陆的飞机时,可允许飞机进入起飞位置和起飞。

⑥下列飞机应优先安排起飞:执行紧急或重要任务的;班期飞行和转场飞行的;速度大的。

⑦直升机在停机坪上起飞、着陆时,要遵守下列规定:不妨碍其他飞机起飞、着陆;与其他飞机、障碍物水平距离大于 50 米;能逆风垂直起降;没有被旋翼吹起的尘土或松雪;飞越障碍物的高度不得低于 10 米,飞越地面停场飞机的高度不得低于 25 米。

(2)飞机起飞过程中的管制

①飞机从起飞滑跑至上升到 100 米(夜间 150 米)的过程中,一般不与机长通话,但当发现危及飞行安全时,要立即提醒机长注意;可否继续起飞,由机长决定。

②飞机起飞后,将起飞时间迅速通知有关单位。

③在起飞过程中,应密切注意飞机的姿态,如离地状态不应带坡度和偏斜、应在规定的高度收起落架和襟翼、是否沿起飞方直线上升等。

④上升到 100 米以上时,将其起飞时间通知机长。

⑤将该飞机的上升、离场程序(ATC 指令)通知机长,如在滑行时已通知,可不再重复。

⑥飞机飞离塔台管制区时,指令机长转换频率,联系进近(或区域)管制室。

在起飞的过程中,飞行员的操纵动作复杂、精力高度集中,这对处置不正常情况往往有不利因素。因此,塔台管制人员下达口令时,要力求简明扼要、语气肯定;一旦出现不正常现象时,要给予果断、正确的提醒。机长在执行管制员的指令时,既不能不服从,又不能盲从,应在听到指令后结合飞机的状况,负责任地处置好。

（3）飞机出港过程中的管制

飞机起飞、并上升到第一等待高度层后，由进近管制负责其出港的管制。

①在飞机预计起飞前 1 小时，进近管制员应当了解天气情况，取得最新的天气实况，检查通信、导航、雷达设备、校对飞行预报，填好进程单，安排离场次序。

②出港飞机开车前 10 分钟开机守听，将离场程序告知塔台值班人员。

③收到飞机进入管制区域的报告后，按离场程序提供管制服务，并通知其飞行情况。

④在出港飞行中，利用通信、导航、雷达等设备以及机长的报告，监督飞机的规定航线和飞行高度。

⑤飞机进入区域管制区的前 5 分钟，应与区域管制室进行管制移交。

⑥在出港飞行中，如果飞机出现机械故障、危险天气不能绕飞、或遇其他特殊情况不能继续飞行时，应通知其返航。

6.2.5　进港、着陆管制

进港和着陆是飞行实施的最后、也是最重要的阶段；进近和着陆阶段是飞行事故多发阶段。据统计，我国民航从 1980—1989 年所发生的飞行事故，进近和着陆阶段事故占44%。所以，在实施管制中，对这个阶段应予充分重视。

（1）目视进港和着陆的一般方法

按照目视飞行规则和目视飞行气象条件进港的飞机着陆方法分别有：

①加入起落航线进行目视着陆。塔台管制人员可根据飞机进场方向与着陆方向的不同，安排加入左（或右）起落航线的三边、四边以及通场加入等实施目视着陆。

②直接加入长五边进行目视着陆。当进场航迹与着陆航迹相同或者相差不大于 45°时，地形条件许可，机长熟悉机场情况，不影响其他飞机进入时，管制人员可以安排该机直接加入长五边进行目视着陆。

（2）进港和着陆的有关规定

①飞机在进近区域内进行目视飞行时，在规定的目视气象条件下，可允许机长在上升、下降时穿越被占用的高度层；但机长必须注意观察，保持不小于规定的间隔和距离并对其正确与否负责。

②两机同时进近着陆时，前面、左侧或下面的飞机先着陆，后面、右侧或上面的飞机应复飞，但必须保证发生特殊情况的飞机优先着陆。

③禁止安排两机同时进行两种不同的进近程序。

（3）飞机进港飞行时，进近管制人员要求

①飞机预计进入进近管制空域前 1 小时，了解天气情况，取得最近的天气实况，检查通信、导航、雷达设备，校对飞行预报，填写进程单，安排进场次序。

②飞机预计进入进近管制空域前 20 分钟开机守听，按时开放导航设备，向塔台索取着陆程序和使用跑道号数。

③收到飞机报告、进入进近管制空域（空中走廊）的位置报告后，向机长通知着陆程序和使用跑道号数以及最近的天气实况。

④按照规定的时间（不迟于进塔台区域 3 分钟），通知机长转换频率与塔台管制室联

络，进行管制移交。

⑤飞机脱离第二等待高度层时，通知机长转换频率与塔台管制室联络。

（4）飞机进入着陆时的管制

飞机进入着陆时，塔台管制人员必须：

①飞机预计着陆前 1 小时了解天气情况、检查风向风速仪和通信、导航、雷达设备，校对时钟、校正高度表。

②飞机预计进入塔台管制空域前 20 分钟，开放本场通信、导航设备。

③与飞机建立联络，通知机长进入程序、着陆条件、发生显著变化的天气和决断高度，最低等待层空出后，立即通知进近管制员。

④2 架飞机若使用 NDB 台作同一种进近程序着陆时，在严格保持规定数据的前提下，应当控制飞机之间的高度差不小于 300 米，同时给着陆飞机留出复飞后的高度层。

⑤飞机自最低等待高度层下降时，再次校对高度表拨正值。

⑥根据机长报告、掌握飞机所在位置，当飞机进入最后进近阶段，通知决断高度（或最低下降高度 MDA）和着陆许可；必要时，通知复飞程序。

⑦飞机着陆滑跑冲程结束，通知机长脱离跑道。

⑧飞机与地面管制联络好或看见地面指挥后方可脱波。

⑨发出着陆许可，必须具备下列条件：在飞机进近着陆的航径上，没有其他飞机活动；跑道上无障碍物；符合尾流间隔规定。发出着陆许可后，上述条件不具备，塔台管制人员必须立即通知飞机复飞，同时简要说明复飞原因；复飞的飞机高度在 100 米以下时，跑道上的其他飞机不得起飞；着陆或复飞由机长决定，并对其决定负责。

6.2.6　多架飞机同时进出港以及飞越航空站区域的管制

在同一个机场、同一条航路、航线有多架飞机同时飞行并且互有影响时，应当分别将每架飞机配备在不同的高度层内；不能配备在不同高度层的，可以允许多架飞机在同一条航路、航线、同一个高度层内飞行，但是各架飞机之间必须保持规定的纵向间隔。

6.2.6.1　流量控制

根据航路和机场的地形、天气特点、通信、导航和雷达设备，以及管制人员的技术水平、飞行管制间隔的规定，对某条航路或某个机场在同一时间所容纳的飞机架数加以限制。我国民航目前规定，程序管制人员在同一时间内管制的飞机数量为：塔台管制在 4 架以内，进近管制 6 架以内，塔台和进近合并和区域管制均分别在 8 架以内。

流量控制分为先期流量控制、飞行前流量控制和实时流量控制三类。先期流量控制指在制订飞行计划和飞行前一日对飞行时刻加以控制，防止飞机过于集中和流量超负荷；飞行前流量控制指飞机起飞前，调整起飞时刻，使其按规定的管制间隔飞行；实时流量控制指飞机在飞行过程中采取措施，使其按规定的管制间隔有秩序地运行。

流量控制的方法有：妥善安排计划的飞行时刻；限制飞机开车、滑行、起飞的时刻；限制飞机进入管制区或通过某一点上空的时刻；限制飞机到达着陆站的时刻；安排飞机在航线某一点上空或着陆机场等待空域上空等待飞行，或者改变飞行航线；调整速度（以飞机的指示空速为基准，以 10 千米/小时及其倍数为增加或减小的速度量）；但管制人员应避免反复交替要求飞机增大或减小速度。

6.2.6.2 多架飞机同时进出港时发生飞行冲突的避让原则和调配飞行冲突的方法

（1）避让原则

起飞与着陆的飞机发生冲突时，一般应让着陆的飞机先着陆，再让起飞的飞机进跑道、起飞；场内飞行与进出港飞行冲突时，应让场内飞行避让进、出港的飞行；出港飞机有冲突时，训练飞行应避让作业飞行。

（2）调配飞行冲突的方法

严格控制出港飞机的开车时机、合理安排滑行路线并监督每架飞机的滑行动态，使其按规定滑行。

起飞飞机与着陆飞机冲突时，应采用控制进跑道的时机和复飞两种方法，灵活地调配，需要五边进近中的某架飞机复飞时，必须讲明飞机呼号并简述原因，防止口令含糊不清造成两机同时复飞而危及安全。

（3）飞机在飞行中发生冲突时的调配方法

通常采取以下3种调配方法：

①时间调配 以控制飞机到达某一位置点的时刻解决飞行冲突，主要调整飞机之间的纵向间隔，实时流量控制和航空站放行间隔就是具体运用；时间调配是程序管制中常用的一种方法，它可以充分利用有利高度层，使空中交通有秩序地运行。但是该方法配备的间隔准确性较差，受天气影响较大，因此在实施时，要根据机长的位置报告及时修正，以保证足够的安全间隔。

②高度调配 将飞机安排在不同的高度层飞行，使飞机之间保持规定的垂直间隔；飞行高度容易保持、误差较小。高度调配飞行安全可靠、简便易行；但在同一航线或同一空域高度层占用太多，会增加上升、下降空域高度层的飞行冲突，所以在实际操作中必须合理地运用。

③侧向调配 使飞机之间保持规定的横向间隔，即飞机在不同航线上或在不同区域内飞行时，使航线之间、空域之间及航线与空域之间有一定的安全间隔，才可以安排飞机同高度飞行。

以上3种方法，在实际工作中不能机械地用一种方法，而应全面掌握飞行动态，综合利用，以解决不同的冲突。

6.2.6.3 目视条件下同时有进、离场飞机上升、下降的管制

同时有多架飞机进、离航空站，允许的原则是：管制人员必须通报有关的飞行动态，允许机长在上升、下降时穿越被占用的高度层，但必须注意观察，保持规定的安全间隔，并对间隔是否正确负责。

6.2.6.4 飞越航空站区域的管制

当航空器飞越航空站区域时，管制人员应：

①按照规定及时开放通信、导航设备，至少在飞机预达前30分钟开放，飞越后30分钟关闭。

②按照进、离管制空域的程序管制其飞行，并通知该机飞越的高度。

③将空域内有关空中交通情报通报给飞越的飞机。

④按规定进行管制移交，并将飞机飞越移交点的时间、高度通知作业区域管制人员。

6.2.7　作业区域飞行的主要工作

作业区域飞行管制工作主要有：

①监督航线上飞机的活动，及时向机长发布空中飞行情报；充分利用通信、导航等设备，准确、连续不断地掌握飞行动态以及飞机的位置、航迹、高度，并通报给可能形成相互接近飞机，以保持规定的航线和高度飞行。

②掌握天气变化，及时向机长通报天气实况，特别是危险天气的情况；当遇有天气突变和飞机报告有危险天气时，应引导飞机绕越，防止误入。

③根据飞机报告和实际飞行情况，掌握航行诸元和续航时间，尤其当航线上有大顶风或绕飞危险天气时，应计算飞机的油量，及时指导机长继续、返航或改飞备降飞行。

④妥善安排航线上飞机的间隔，注意调配飞行冲突；当飞机相对、交叉飞行以及在航线与其他航站飞行冲突时，必须及时予以调整。

⑤协助机长处置特殊情况。处置特殊情况，主要依靠机组；但管制人员必要时的正确建议或提示，也非常重要。

需要注意的是，航站在飞行指挥过程中，改变航行诸元时，除特殊情况外，必须经总调度室批准；这样才可能全面、及时地掌握辖区内所有飞行动态，达到统筹指挥、确保安全的目的。

6.2.8　复杂气象条件及特殊情况下的飞行管制

①复杂气象对飞行影响较大，给飞行和空管工作带来一定困难。因此，所有保障飞行的人员，都必须全面、准确地掌握、分析天气形势和发展趋势，充分估计不利因素，判断其对飞机安全运行的影响程度，周密细致地做好充分应对准备，以保证飞行安全，完成好飞行任务。

复杂气象以雷雨、结冰、低云、低能见度对正常飞行和安全影响最大。飞行中遇有恶劣天气或机场低于最低气象条件时，空管人员应及时提供条件，协助飞行员返航或者飞往备降机场。如起飞机场、备降场的天气都低于气象最低条件，或者因油量不足、机械故障等情况不能返航或者飞往备降机场，飞行员决定在本场降落时，塔台管制人员要指挥其他飞机避让，并开放一切通信、导航、灯光设备，做好应急救助，为飞机安全着陆创造条件。

②飞行中的特殊情况，主要有：发动机部分或全部失效；飞机或发动机在空中起火；失去通信联络；飞机的某些设备发生故障或损坏以致不能保证正常飞行；迷航；在空中遭到劫持或袭击等。

空管人员接到飞机发生特殊情况的报告后，应当：

- 立即报告有关领导和单位；
- 了解飞机故障时的所在位置和飞行情况以及机长的意图；
- 提供安全飞行的情报和气象资料；
- 利用一切可能手段，密切监视该机的飞行动态；

● 指挥在其附近活动的飞机避让；

● 提供告警服务，通知有关单位组织搜寻援救；

● 设法与飞机保持联络。

6.2.9　放行有关规定

根据机组人员和飞机准备以及机场、天气等情况，确定飞机的航线飞行或转场飞行是否放飞。但有下列情形之一的，不得放飞：

①空勤组成员不齐，或者由于技术、健康等原因不适于飞行的。

②飞行人员尚未完成飞行准备或准备质量不合要求、驻机场航空单位或者航空公司的负责人未批准放飞的。

③飞行人员未携带飞行任务书、气象文件及其他必备飞行文件的。

④飞行人员未校对本次飞行所需的航行、通信、导航资料和仪表进近图或者穿云图的。

⑤飞机或其设备有故障可能影响飞行安全，或者飞机设备低于最低设备清单规定，军用飞机经机长确认可能影响本次飞行安全的。

⑥飞机表面的冰、霜、雪尚未除净的。

⑦飞机上的装载和乘载不符合规定的。

⑧飞机未按规定携带备用燃料的。

⑨天气低于机长飞行的最低气象条件，或天气实况危及本次飞行安全的。

航空护林飞行活动的民航飞机能否起飞、着陆和作业，由机长（飞行员）根据适航标准和气象条件等确定，并对此决定负责。

6.2.10　飞行间隔规定

6.2.10.1　一般规定

飞行的一般规定如下：

①一切飞行让战斗飞行。

②其他飞行让专机飞行和重要任务飞行。

③国内一般任务飞行让班期飞行。

④训练飞行让任务飞行。

⑤场内飞行让场外飞行。

⑥场内、场外飞行让转场飞行。

执行不同任务或不同型别的飞机，在同一机场同时飞行的，应根据具体情况安排优先起飞和降落的顺序。对执行紧急或者重要任务的飞机，班期飞行或者转场飞行，速度大的飞机，应当允许优先起飞；对有故障的飞机，剩余油量少的飞机，执行紧急或者重要任务的飞机，班期飞行和航路、航线飞行或者转场飞行的飞机，应允许优先降落。在相邻航线上飞行的各架（批）飞机，飞行高度相同或者小于规定的高度差时，其横向间隔不小于20千米。航线飞行的飞机通过机场飞行空域、航路、航线时，飞行高度在8400米（含）以下，应当配备不小于300米的高度差；飞机为了降落而在同一机场同时进近时，高度较高的飞机, 应避让高度较低的飞机。但是, 高度较低的飞机不得利用此规定切入或者超越处于进近着陆最后阶段的飞机。

6.2.10.2 垂直间隔标准

航线飞行或者转场飞行的垂直间隔, 按照飞行高度层配备。飞行高度层按照以下标准划分: 真航线角在 0 ~ 179° 范围内, 高度由 900 ~ 8100 米, 每隔 600 米为一个高度层; 真航线角在 180° ~ 359° 范围内, 高度由 600 ~ 8400 米, 每隔 600 米为一个高度层; 飞行高度层应当根据标准大气压条件下假定海平面计算。真航线角应当从航线起点和转弯点量取。

飞行的安全高度是避免航空器与地面障碍物相撞的最低飞行高度。飞机受性能限制, 其航路、航线飞行或者转场飞行的安全高度, 由有关航空管理部门另行规定。

航线飞行或者转场飞行的安全高度, 在高原和山区应当高出航路中心线、航线两侧各 25 千米以内最高标高 600 米; 在其他地区应当高出航路中心线、航线两侧各 25 千米以内最高标高 400 米。航线飞行或者转场飞行的航空器, 在航路中心线、航线两侧各 25 千米以内的最高标高不超过 100 米, 大气压力不低于 1000 百帕(750 毫米水银柱)的, 允许在 600 米的高度层内飞行; 当最高标高超过 100 米, 大气压力低于 1000 百帕(750 毫米水银柱)的, 飞行最低的高度层必须相应提高, 保证飞行的真实高度不低于安全高度。

6.2.10.3 目视飞行水平间隔标准

按照目视飞行规则飞行应当符合以下气象条件: 飞机与云的水平距离不得小于 1500 米, 垂直距离不得小于 300 米; 高度 3000 米 (含)以上, 能见度不得小于 8 千米, 高度 3000 米以下, 能见度不得小于 5 千米。同航迹、同高度目视飞行的飞机之间纵向间隔为: 指示空速 250 千米/小时(含)以上的飞机之间的间隔为 5 千米; 指示空速 250 千米/小时以下的飞机之间的间隔为 2 千米。

(1)目视飞行时, 飞机应按照下列规定避让

①在同一高度上对头相遇的飞机, 应当各自向右避让, 并保持 500 米以上的间隔。

②在同一高度上交叉相遇的飞机, 飞行员从座舱左侧看到另一架飞机时应当下降高度, 从座舱右侧看到另一架飞机时应当上升高度。

③在同一高度上超越前面的飞机, 应当从前面飞机的右侧超越, 并保持 500 米以上的间隔。

④单机应主动避让编队或者拖曳的飞机, 有动力装置的飞机应主动避让无动力装置的飞机, 战斗机应当主动避让运输机。

(2)目视飞行的直升机使用同一起飞着陆区起飞、着陆时, 其间隔应当符合下列规定

①先起飞、着陆的直升机离开起飞着陆区之前, 后起飞的直升机不得开始起飞。

②先起飞、着陆的直升机离开起飞着陆区之前, 着陆的直升机不得进入起飞着陆区。

③起飞点与着陆点距离 60 米以上, 起飞、着陆航线又不交叉时, 可以同时起飞、着陆。

目视飞行使用同一跑道起飞、着陆时, 前面起飞的飞机已经飞越使用跑道终端或开始转弯, 或前面着陆飞机已经脱离使用跑道, 可允许起飞。

同时有目视飞行和仪表飞行时, 目视飞行的飞机之间的间隔按照目视飞行规则执行; 目视飞行和仪表飞行的飞机之间的间隔按照仪表飞行规则执行。

按照目视飞行规则飞行时，飞行人员必须加强空中观察，并对保持飞机之间的间隔和飞机距地面障碍物的安全高度是否正确负责。

6.2.10.4 尾流间隔标准

为避免尾流影响，飞机之间须配备尾流间隔；尾流间隔标准根据飞机最大允许起飞全重确定。分为下列 3 类：

①重型飞机　最大允许起飞全重等于或者大于 136 000 千克。

②中型飞机　最大允许起飞全重大于 7000 千克，小于 136 000 千克。

③轻型飞机　最大允许起飞全重等于或者小于 7000 千克。

当前、后起飞离场的飞机分别为重型和中型、重型和轻型、中型和轻型飞机，使用下述跑道时，前、后之间的尾流间隔标准为：

①同一跑道，间隔 2 分钟。

②平行跑道，且跑道中心线之间距离小于 760 米，间隔 2 分钟。

③交叉跑道，且后面飞机将在前面飞机的同一高度上，或者低于前飞机且高度差小于 300 米的高度上穿越前飞机的航迹，间隔 2 分钟。

④平行跑道，且跑道中心线之间距离大于 760 米，但是，后面飞机将在前面飞机的同一高度上，或者低于前面飞机且高度差小于 300 米的高度上穿越前面飞机的航迹，间隔 2 分钟。

⑤后面飞机使用同一跑道的一部分起飞时，间隔 3 分钟。

⑥后面飞机在跑道中心线之间距离小于 760 米的平行跑道的中部起飞时，间隔 3 分钟。

起落航线上飞行的飞机尾流规定：当前、后进近着陆的飞机为重型和中型时，其尾流间隔为 2 分钟；当前、后进近着陆的飞机分别为重型和轻型、中型和轻型时，其尾流间隔为 3 分钟。

6.2.11　管制移交

飞机由某一管制区进入相邻的管制区前，管制室之间必须进行管制移交。管制移交由管制协调和管制责任移交两部分组成。

管制协调的内容包括：管制移交、航空器呼号、飞行高度、移交点和飞越移交点的时刻；区域管制之间在飞机飞越管制移交点 10 分钟以前，短距离航线最迟要提前 5 分钟进行；移交应通过直通电话或对空话台进行；管制协调后，如果原内容发生飞行高度改变、不能从原定的移交点移交、飞越移交点的时刻变化（区域管制室之间相差 10 分钟，区域与塔台管制室之间相差 3 分钟）时，应当进行更正。

管制责任移交：正常情况下，飞机飞越管制移交点，并与接受管制责任的管制室联络好，即为移交完毕。

管制移交应按规定、双方协议进行，如果因为天气和机械故障等原因不能按规定或协议进行时，移交单位应按照接受单位的要求进行移交；接受单位应为移交单位提供方便；管制移交的接受单位需在管辖空域外进行时，应获得移交单位同意。在此情况下，移交单位应将与该飞机有关的情报通知接受单位；接受单位需要在管辖空域外改变该飞机的航向、高度等情况时，应得到移交单位的同意；当飞机飞临管制移交点附近，如果陆空通信不畅或者因某种原因不能正常飞行时，移交单位应将情况通知接受单位，并继续守听直至恢复正常为止。

6.2.12　起飞、着陆、飞行时间、架次、作业时间

起飞时刻是指飞机开始起飞滑跑(轮子移动)的瞬间；着陆时刻是指飞机着陆滑跑终止的时刻；飞行时间是指从飞机(为准备起飞而借本身的动力)自装载地点开始移动时起，直至飞行结束(到达卸载地点停止运动)时的时间。直升机飞行时间是指自旋翼开始转动的瞬间至旋翼停止转动的瞬间；起飞时刻是指主轮离地，着陆时刻是指主轮接地的瞬间；飞机每起飞或着陆一次，计为一架次。

作业时间：航空护林作业飞行开始和飞行结束的时间，应根据任务性质、作业地区地形确定。只有在能够清楚看到地标和能够目视判断作业飞行高度的情况下，方可起飞，一般规定：日出前 30 分钟、山区日出前 20 分钟可以起飞；日落时刻、山区日落前 15 分钟飞机应结束作业或者返回到机场。

6.3　航行地面保障的组织与实施

开展航空护林工作，必须有一套完整的、包括气象、油料、电源等飞行保障系统，为保障飞行提供服务。有人将航空护林飞行形象地比喻为：人们只看到飞机在空中飞行，却看不到地面有许多人在为飞机忙活！这就说明了航空地面保障工作的重要性。

6.3.1　气象保障

(1)航空护林飞行对气象服务的要求

①提供航站天气预报、作业区(航路)天气预报和机场天气报告(本场实况)。

②有飞行任务时，每小时例行进行一次天气观测，特殊需要时，每隔半小时进行一次观测；每日提供第一份天气报告应不迟于当日第一架飞机预计起飞前的 2 小时 30 分，直至本日飞行任务结束。

③气象观测项目包括：地面风向、风速和最大风速，能见度，天气现象，云量、云状、云高，气温、露点、气压和补充情报。

④当机场的地面风、能见度、天气现象和云出现特殊变化并达到特殊天气标准时，根据飞行需要和临时提出的特别要求时，气象人员应进行特殊天气的观测。

⑤有飞行任务时，应提供有效时间为 9 小时的机场天气预报或作业区天气预报，每 3 小时提供一次，不迟于预报有效起始时间前 1 小时 10 分钟，为第一架飞机提供的预报应提前 2 小时，并直至飞行任务结束。

(2)对气象观测地点和仪器的要求

气象观测的地点必须能使观测员观测到跑道方向的天气状况，观测场必须按照技术规范的要求配置温、压、湿、风、降水、能见度等常规气象仪器。观测仪器、设备的安装必

须达到规定的技术标准，各种仪器设备必须经过正式检定合格后才能投入运行、使用；经批准投入运行、使用的仪器设备，应按时进行定检。

6.3.2 油料保障

（1）加油值班人员工作内容

加油值班人员应根据飞行计划、预报，飞机的机型、机号、加油地点、时间、航油种类和加油数量等内容，合理调配加油力量，以保证及时供油，防止加错或延误飞行；加油后办理用油结算手续，并填写航空器加油值班记录；按照国家规定的石油产品取样法和石油产品标准的有关规定采取油样，负责油料化验，未经化验或化验不合格的航油不得往飞机上加注。

提前检查加油车是否按规定铅封；检查随车加油工具、加油胶管、压力加油接头是否齐备、完好，油罐、管路、阀门等设备有无渗漏；按照飞机油料加注工作流程，检查油车与飞机加油导管的连接情况，确保安全地为飞机加注所需油品；填写航空器加油单、油料水分杂质检查记录单、油料加注统计报表；做好油料质量日常检查工作，并做好沉淀油的回收工作；检查加油设备，防止跑、冒、滴、漏等现象发生；引导加油车安全接近飞机到指定位置和离开飞机。

（2）油车司机工作内容

油车司机负责检查油车发动机机油数量和压力、水箱和燃油箱容量、气压、电气设备、制动、转向、点火和排气系统、液压系统、车辆清洁状况及随车灭火器、导静电线等是否完好，检查轮胎气压是否足够，轮胎是否完好，做好车辆的日常维护和保养，保持车况良好；做好一切出车前的准备工作，严守岗位，随时启动；严禁加油车执行与飞机加油业务无关的任务；按照民航有关规定，做好油料运输、飞机加油、车辆和库房的安全防火工作；严格遵守出车审批制度，未经批准不得擅自将车辆交与他人驾驶或使用。

（3）注意事项

①飞机加、放油时，飞机和加、放油的设备、容器必须有充分、合格的接地点接地，而且所设备、容器必须与飞机牢固连接，确保静电接地。

②加、放燃油时的现场必须有明显的"禁止烟火"的标志牌，有专人掌握的合格灭火设备。加油罐或油车撤离路径必须畅通。

③加、放油时，飞机附近25米以内只准使用无火花电气设备、防爆灯或手电筒，不准有正在工作的加温机及其他产生明火的设备，不准拆装飞机蓄电池，发动机试车过程中不准加、放燃油。

④飞机加、放油时，必须先接好地线，后打开油盖和加油管或油枪；先拆加油管或油枪和油箱盖，后拆接地线。

⑤飞机加、放油时，只有与加、放燃油有关的电路接通，与加、放燃油无关的电门、电路、设备不准随意接通或断开（夜间照明灯可以在接通位置），特别是雷达及高频电台，不准在加油时工作。

⑥飞机加、放油时，严禁人员在飞机加油设备附近接、打手机。

⑦雷雨天时，严禁给飞机加、放燃油。

⑧飞机加、放油时，因飞机姿态、温度变化等原因产生溢油时，还应做到：溢油现场应避免一切火花；禁止开关电动、照明设备、拖动工作梯、千斤顶等设备产生火花；严禁在溢油现场附近接、打手机；溢油未挥发干，不准启动发动机、地面电源车和气电泵源；严禁各机动车辆在溢油现场启动行驶。

（4）航空燃油的质量控制要求

①油罐　使用油罐的航油在飞机加油前，必须经过充分静置沉降，静置沉降的最低时限：喷气燃油每米液柱 3 小时，航空汽油每米液柱 45 分钟。罐内装有浮筒吸管时，总的沉降时间不应少于 8 小时，沉降排污后经取样目视检查无水分、无杂质方可使用。

②罐式加油车　设备应按以下要求排净水分和杂质：每天早班开始时；每次装油 10 ~ 15 分钟之后；大雨之后；加油车清洗或油罐、过滤器清洗维修之后。

从加油车油罐的沉淀槽、过滤分离器的沉淀槽的排污阀或过滤监控器的进口端进行排污，经目视检查，直至合格为止。如果发现燃料中水分和杂质含量异常，应即调查、处理。

6.3.3　电源保障

（1）职责

电源启动车操作员按充电操作规程负责机载和地面蓄电瓶的充电任务，为飞机提供符合技术要求的电瓶保障服务；按照启动电源工作细则，定期对电源车进行调试、检测和维护保养，做好蓄电瓶的表面清理，检查电解液面高度，并认真填写《充电记录》；检查所有电气设备和发电机组各项技术指标是否符合要求，确保电源启动设备处于完好状态。

（2）工作程序

①每天根据飞行预报或调度室下达的作业指令，及时为执行任务的飞机提供电源启动。

②明确任务后，提前 30 分钟检查电源启动设备和车辆，做好启动前的各项准备工作。

③电源启动车按规定的行车路线和速度，提前 10 分钟驶近飞机，接近飞机 20 米时，以低速进入指定停车位。

④与机械师配合将启动电源插头连接在飞机上。

⑤在机械师的指令下，按电源启动操作规程，启动电源设备，为飞机提供启动电力。

⑥启动完毕，关闭电源起动设备，引导电源启动车安全驶离飞机。

6.4　空中交通管制记录与航空护林安全

航空护林和航行安全，事关国家和人民群众生命财产安全，必须严肃对待，按飞行四个阶段要求组织实施，认真做好各阶段的管制指挥，在安全的前提下，确保航空护林任务的顺利完成。

6.4.1　航空护林飞行计划及申请

航空护林飞行任务由航空护林站调度部门拟定，空管部门调配飞行高度并统一掌握。

次日的飞行计划应于当日 15：30 前报总调度室并抄报本场有关飞行保障单位，总调度室审定、调配后，报空军、民航等有关单位。临时火情计划可以随时申请。

飞行计划申请内容包括：飞行单位；飞行任务性质；机长（飞行员）姓名、代号（呼号）和空勤组人数；飞机型别和架数；通信联络方法和二次雷达应答机代码；起飞、降落机场和备降场；预计飞行开始、结束时间；飞行气象条件；航线、飞行高度和飞行范围；其他特殊保障需求。

6.4.2 值班、通话及记录规定

航期工作中，空管、气象部门实行 24 小时值班。空管人员连续值班的时间不得超过 6 小时；一般安排 2 名以上持有执照的人员值班；值班人员在饮用酒精饮料之后的 8 小时内，不得参加值班。

空管部门应配备直通电话和具有自动记录功能、且有专人负责管理的陆空通信电台，通信应当在 15 秒之内建立，且通信时间不得超过 5 分钟；自动记录应当保存 30 天，如果自动记录与飞行事故和征候有关，应当长期保存，直至明确不需保留为止。

空管单位使用并按规定填写的飞行进程单，其内容不得任意涂改。飞机进入管制区域前，应当填写记录有该飞机的信息，飞机在飞行过程中，相应情况要准确、及时地记入飞行进程单；飞行进程单应妥善保存，以备查验，保存期为 1 个月。

空管、气象人员在值班中，还应将包括通话在内的相关情况进行记录，并妥善保存。

6.4.3 无线电通话规定

飞机在飞行的全过程中，飞行员应在规定的频率上守听，未经空管人员同意不得中断守听；地空管制应按民航总局规定的专用术语规范通话，保证其通话简短、明确。通话过程中，对关键性的内容和发音相似、含意相反的语句，应重复或者复诵；执行飞行任务时，应当使用公制计量单位，并统一使用北京时间。

空中交通无线电通话用语：首次联系时采用的通话结构为"对方呼号＋己方呼号＋通话内容"；以后的各次通话，空中交通管制员宜采用"对方呼号＋通话内容"；飞行员的通话结构采用"对方呼号＋己方呼号＋通话内容"。空管人员肯定飞行员复诵的内容时，可仅呼对方呼号；空管人员认为有必要时，可具体肯定。

通话基本要求包括：先想后说，应在发话之前想好说话内容；先听后说，应避免干扰他人通话；应熟练掌握送话器使用技巧；发话速度应保持适中，在发送须记录的信息时降低速率；通话时每个单词发音应清楚、明白并保持通话音量平稳，使用正常语调；在通话中的数字前应稍作停顿，重读数字应以较慢的语速发出，便于理解；避免使用"啊、哦"等犹豫不决的词；为保证通话内容的完整，在开始通话前按下发送开关，待发话完毕后再将其松开。

许可的发布和复诵要求：当飞行员需要记录，避免无谓的重复，空管人员应缓慢、清楚地发布许可；航路许可宜在开车前发布给飞行员，不得在飞行员对正跑道和实施起飞动作时发布许可；"起飞"一词只能用于允许飞机起飞或取消起飞许可。在其他情况下，应使用"离场"或"离地"表达起飞的概念；飞行员应向空管人员复诵通过话音传送的 ATC（指

令)放行许可和指示中涉及安全的部分，应复诵下述内容：空管航路放行许可；在进入跑道、起飞、着陆、穿越跑道和沿正在使用跑道的反方向滑行的许可和指令；正在使用的跑道、高度表拨正值、高度指令、航向与速度指令和空管人员发布的或 ATIS 广播包含的过渡高度层；飞行员应以呼号终止复诵；空管人员肯定飞行员复诵的内容正确时，可仅呼叫对方呼号；如果对飞行员能否遵照执行许可和指令有疑问，空管人员在许可和指令后加短语"如果不行通知我"发送，随后发布其他替换指令。在任何时候飞行员认为接收到的许可和指令不能遵照执行时，应使用短语"无法执行"并告知原因；空管人员应注意收听飞行员的复诵，发现有错误时应立即予以纠正；重新发布放行许可时，不应使用"可以沿飞行计划的航路飞行"；有关附加条件用语，例如"在飞机着陆之后"或"在飞机起飞之后"，不应影响起飞和着陆飞机对跑道的正常使用，但当有关空管人员和飞行员看见有关飞机或车辆时除外。收到具有附加条件放行许可的飞机需要识别相关的飞机或车辆。具有附加条件的许可按下列次序发出：识别标志；条件；许可；条件的简要重复。

6.4.4　空中交通管制事故、差错及调查

空管事故是指由空中交通管制原因造成的飞行事故或航空地面事故的事件。由于某种原因导致正在运行的飞机之间的纵向间隔、侧向间隔、垂直间隔同时小于下列规定的间隔标准，致使空中飞机危险接近。

(1)在航线飞行阶段(指在区域管制区内的飞行)时的危险接近

此时的危险接近是指：

①纵向间隔　相近的两飞机小于 3000 米。

②侧向间隔　相近的两飞机小于 3000 米。

③垂直间隔　高度在 6000 米(含)以下时小于 100 米。

(2)在进近飞行阶段(指在进近管制区内的飞行)时的危险接近

此时的危险接近是指：

①纵向间隔　相近的两飞机小于 2000 米。

②侧向间隔　相近的两飞机小于 1000 米。

③垂直间隔　相近的两飞机小于 100 米。

(3)在塔台管制区飞行时的危险接近

此时的危险接近是指：

①纵向间隔　相近的两飞机小于 500 米。

②侧向间隔　相近的两飞机小于 200 米。

③垂直间隔　相近的两飞机小于 50 米。

测算空中飞机危险接近间隔数据的依据为：雷达记录的数据；地空通话录音记录的数据；飞行员的报告；空管人员的报告和记录；机载仪表、记录仪器、指示(显示)数据；领航诸元计算；其他证据。

由于空管工作上的失误，造成下列情况之一的事件，称为空管严重差错：飞行取消、返航、备降；在飞机仪表进入着陆时，错误地关闭导航设备或同时开放同频双向导航设备，并以此实施管制；指挥飞机起降过程中违反尾流间隔规定；影响邻近管制区管制单位

的正常工作，或者致使飞机飞出该管制区 10 分钟后仍未与下一管制区建立无线电联络；承办出国专机、重要任务飞行时，未向有关国家申请或者申请错误；组织实施专机、重要任务飞行过程中，因管制原因对外造成不良影响；值班过程中脱离岗位。

由于空管工作的不慎，造成下列情况之一的事件，称为空管差错：误将飞机指挥飞向炮射区、禁区、危险区，但进入前得到纠正；飞机目视飞行时，开错或误关导航设备，或同时开放同频双向导航设备；航班延误达 15 分钟以上；未按规定向有关单位发出有关飞机的飞行计划、起飞、降落、延误、取消等的电报或通知，或者发出的电报或通知有错误、遗漏；未按规定进行管制移交，造成接受方工作被动；两架飞机纵向、侧向、垂直间隔同时小于规定的数据，但不小于规定的间隔数据的二分之一；值班过程中不填写飞行进程单；违反本规则第十五条之规定；违反本系统、本单位有关的工作程序、守则和制度，但情节较轻。

发生飞行冲突或由于空中交通管制原因造成危及飞行安全的事件，应当及时、如实报告。

发生空管事故和事故征候的，按照国家和民航总局有关规定组织调查，发生空管严重差错或差错的，由发生差错单位的上一级单位负责组织调查。调查事故、事故征候或者差错时，应当广泛搜集与事故、事故征候、差错有关的一切资料，包括听取汇报、查阅有关的原始记录、检查分析有关记录、现场调查、与有关人员谈话及所作的记录、审查值班人员的技术资格、播放录音、重放录像、照相、绘图等。资料搜集结束后，应当将取得的各方面资料进行分类、整理、查证，做到事实清楚、实事求是。调查过程中，应当根据调查材料，找出事故、事故征候、差错的原因，明确责任，提出结论意见。调查结束后，应针对事故、事故征候、差错的直接原因和暴露出的问题，提出改进工作和预防事故再次发生的措施、建议。

【本章小结】

本章的内容为航空护林空中交通管制与航行地面保障。首先阐述了空中管制与飞行管制的定义；其后介绍了空中交通管制的组织与实施，讲述了航空护林飞行的四个阶段及其不同阶段的管制规定；然后介绍了航行地面保障的组织与实施，包括气象保障、油料保障、电源保障的说明；最后的内容为空中交通管制记录与航空护林安全。

【思 考 题】

1. 简述空中管制的定义。
2. 简述飞行管制的定义。
3. 简述航空护林飞行的四个阶段。
4. 航空护林飞行对气象服务的要求有哪些?
5. 航空护林加油值班人员工作内容是什么?

第 **7** 章

航空护林飞行观察技术

7.1　飞机巡护与观察火场

7.1.1　飞行观察员的职责与工作程序

飞行观察员是航空护林工作中的特殊工种，飞行观察员担负着巡护飞行、侦察火情、航空灭火等重要任务，是火场第一手资料的提供者，又是航空灭火的参与实施者。

7.1.1.1　工作职责

①做好航护飞行前的准备，圆满完成各项飞行观察任务。

②全面细致观察火场及周边情况，准确及时报告火场信息，提出扑救建议。

③对符合航空直接灭火条件的火场，积极组织实施机(索、滑)降及吊桶灭火。

④协调与机组、飞行保障单位的关系，确保飞行任务顺利实施。

⑤严格掌握起飞、野外落地及返航的条件和标准，做好飞行安全相关工作。

⑥积极参加地面调查，掌握护区自然情况(地形地貌、气候特征、水源分布)及社情、林情、火情。

⑦参与航空森林消防技术研究，了解和学习国内外先进经验，在实践中摸索创新。

⑧参与航线的规划和调整，提出合理化建议。

⑨航期中负责管理航护地形图、GPS、吊桶、滑降设施设备，并进行保养和维护。

⑩完成领导交办的其他工作。

7.1.1.2　工作程序

(1)飞行前准备工作

①收集、掌握有关资料　中央、省(自治区、直辖市)及当地政府对森林防火工作的指示。航空森林消防合同中的有关条款，并按合同规定执行任务。各地在林区及林区边缘生

产用火计划(如烧荒、烧麦茬、烧防火线的具体日期、时间)和自流人员的主要活动区域,在巡护飞行时有所侧重。巡护区内专业扑火兵力部署情况。发现火情时,提出就近调兵扑救建议。阅读地图,熟知巡护区地形、地物的特征,保证地标领航和判断火场因素的准确性。各种航空森林消防飞机的性能数据。按飞机的性能使用飞机。

②准备各种表册、用具　飞行日志、飞行任务书、空中火情报告单、火场飞行灭火报告单;计算纸、透图纸、复写纸;领航工具、书写用具;GPS、对讲机、数码摄影摄像设备、手机、安全带;备降用品。

③领取地图和图上作业准备　飞行观察员到有关部门领取本巡护区的1:50万地形图(通常巡护飞行用)、1:20万或1:25万地形图(通常勾绘火区图用)。图上作业:把航空森林消防合同中规定的航线,按制作航线规范,在巡护飞行用图上画出航线;在巡护飞行用图上,标明本巡护区内专业扑火队的位置、人数、装备;在1:50万地形图及相应的1:20万或1:25万地形图上标好相互套用的自编代号。方法是把本巡护区所用的1:50万地形图,按上压下、左压右的顺序接合后,再按从左至右、从上到下的顺序找出相应1:20万地形图每幅图的区域,在该区域中心部位画上1cm×3cm的方格,在方格内标上自编号数和相应1:20万地形图的图名。在1:20万地形图的左上边缘贴上口取纸,在正面标上1:50万地形图相应位置的自编号数,背面标上本图图名。这样,2种比例尺的地图可以快速按代号相互套用。

(2)飞行任务的执行

①飞机起飞后,准确记录起飞时间(机轮离地时刻),填写飞行任务书。

②用GPS或目视领航法,随时掌握飞机所在位置,正常巡护中偏航大于10千米要及时通知机长修正航线,使飞机按预定航线飞行。

③巡护中发现火情,立即通知机长改航飞向火场,若同时发现多起火情,应先重点后一般,逐个处理。如火场在国境线我侧10千米范围内必须请示批准后方可进入火场侦察。

④以火场中心为准,用GPS确定火场位置,同时结合地形图进行准确定位,火场较大时,还要确定危险性较大的火头、火线位置。

⑤观察火头数、火线长度,判定火场风向、风速、火势及蔓延方向。

⑥将火场勾绘在地形图上,用方格纸计算出火场面积。

⑦降低飞机高度,进一步观察被害树种、林分组成,有无扑火人员,火场附近的山脉、河流、交通及居民点。

⑧及时填写火情报告单,提出扑救建议,通信畅通情况下,向调度室作简要报告。

⑨在执行直接灭火任务时,快速准确引导飞机到达火场上空,对火场及其周边进行全面的观察,确定机(索、滑)降点或取水点。在实施机(索、滑)降灭火时,要把扑火人员降在距火场较近的有利位置并把降落点标记在地形图上,记下人数、指挥员姓名。

⑩在开展直接灭火时,由于飞机油量不够、吊桶或飞机故障、火场天气突变、日落返航规定等原因,飞机必须返航,但根据火情需要,又需继续开展航空直接灭火,观察员要随时与调度室保持联系,并提出合理化建议。

⑪在飞机上按要求填写好飞行任务书、火情侦察报告单、火区图等。

⑫飞机落地后,跟机长核对飞行时间,双方签字后交值班调度,并将任务执行情况向

值班调度报告。

⑬观察火情技术

7.1.2　飞行观察员的观察方法

飞机进入航线后，飞行观察员必须集中精力，经常从飞机窗口向外瞭望观察，做到有火及时发现。

7.1.2.1　观察方法

空中观察的最大不足是飞行观察员对任何一点进行观察的时间有限。为了弥补不足，飞行观察员必须勤奋地从飞机窗口向外瞭望。以运－5 飞机为例，飞行观察员如果坐在两位驾驶员中间舱门的位置，就采用"之"字形扫描方式，对航线两侧能见区域进行细心观察。如果坐在客舱，就必须从左右窗口交替观察。交替观察间隔以飞行方向的能见距离和飞行速度确定。对左右侧观察地区和边缘地区的时间多些。在边缘地区，烟柱常与杂色山坡、色彩类似的东西混在一起。因此，往往不易分辨，更要细心观察。另外，干可燃物比湿可燃物产生的烟少，对干旱地区也应有较多的观察时间，这里产生的烟不仅较少而且可能与背景混在一起。总之，无论在什么位置，怎样观察，都不许漏掉火情，贻误战机，造成森林资源损失。

7.1.2.2　正确判断林火与烧荒，烟与雾、霾、霰、低云的区别

飞行观察员正确判断森林火灾，是衡量观察员业务水平的一条主要标准。如何判断林火与烧荒，烟与雾、霾、霰、低云的区别，非常重要。要有一定的实践经验，尤其在能见度较差的情况下，更难以辨认。因此，在判断时应掌握以下要点：

（1）林火与烧荒的区别

在沿航线巡护飞行时，经常看到烟，飞行观察员要有识别能力。发生烟的位置不同，燃烧的物质也不同，有的是林火，有的是草原火，有的是生产用火（如烧荒、烧枝、烧防火线等），如果不认真去识别，就会影响对森林火灾的处理，林火无疑是在森林里发生的火灾，而烧荒大部分是在距林区较远的居民点附近或林区边缘的新开发点。在能见度较差的情况下，在林缘发现的烟，应当特别注意，没有把握时，要到烟的附近去侦察，以免判断失误。

（2）烟与雾、霾、霰、低云的区别

①烟是物质燃烧时所产生的气体。其特点：一是有烟柱、烟云，并且不断变化着；二是烟柱与地面形成一定角度；三是烟呈灰白色、灰黑色、蓝灰色、灰色等颜色；四是影响能见度；五是当飞机经过烟层时可闻到烟味。

②雾是接近地面的水蒸气，基本上达到饱和状态时，遇冷凝结后飘浮在空中的微小水滴。其特点：一是白色，成堆状；二是多出现在云少微风的夜晚或雨后转晴的第二天早晨。

③霾是空气中存在的大量细微烟尘、杂质而造成的混浊现象。其特点：一是日落前较浓，影响能见度；二是有时发生在空中某一高度层上，形成霾层，形似烟云。

④霰是空中降落的白色不透明的小冰粒。其特点：一是多在下雪前或下雪时出现；二是霰柱上连云底，下接地面，从透明度观察，上实下虚，与烟柱恰好相反；三是顺阳光观

察霰柱呈白色，逆阳光观察呈灰黑色。

⑤低云，这里讲的低云是指接近地面的烟状云，云是大气中水汽凝结或凝华的产物，林区因湿度较大，常有低云发生。一般在当日9：00之前，多沉浮于沟塘河谷，随着气温的不断增高，逐渐上升，飘浮在林区上空，形成云状。有时这种低云并无一定范围，而且偶尔有较单一的云状出现，远处看去，位于山峦之间，形似烟云。其特点是纯白色，云形稳定。

出现以上几种天气现象时，一定要多加分析，观察判断，正确识别，避免与烟混淆。

（3）火灾迹象

在巡护飞行观察时，发现如下迹象，可能有火，应认真观察。

①无风天气，发现地面冲起很高一片烟雾。

②有风天气，发现远处有一条斜带状的烟雾。

③无云天空，突然发现一片白云横挂空中，而下部有烟雾连接地面。

④风较大，但能见度尚好的天气，突然发现霾层。

⑤干旱天气，突然发现蘑菇云。

7.1.3　飞行观察员空中其他作业

（1）空中领航计算

①实测偏流、地速，计算风向、风速。

②推算预达时刻和飞机位置。

（2）目测地标定位，确定偏航距离

用目视领航的方法，随时掌握飞机所在位置，经常检查航迹。如果偏航大于10千米，通知机长修正航迹，沿预定航线飞行。确定飞机位置、检查航迹、确定偏航距离的方法，与领航基本知识中讲的方法相同。

（3）准确记录

要准确记录各航段两侧的能见度和飞机到达每个转弯点的时刻，以便发生火灾后，根据火灾发生时刻和飞机通过时刻比较，检查飞行观察员的发现火情能力和工作责任心。

能见度是指具有正常视力的人，在当时天气条件下，能够看清楚目标轮廓的最大距离。本节讲的能见度是指倾斜能见度，即观察者在飞机上能见最远地面目标的距离。

在航行高度低于3000米，能见度以千米为单位时，远距离目标的倾斜能见度与水平能见度近似，因此一般可认为二者相同。距离的测量方法是，用向量尺直接从地图上量取飞机所在位置至能见最远地面目标的距离，按地图比例尺换算出实际距离。

（4）填写表册及飞行后汇报

巡护飞行中，按飞行日志的格式要求填写清楚、全面，在注记栏内填上执行任务的情况以备查。

巡护飞行结束，飞机落地时，记下落地时刻，与机长共同算出计费时间，填写飞行任务书，一式二份，双方签字，各持一份，以作为计算飞行费用的原始凭据。然后，及时到调度室向值班调度递交飞行任务书，并将飞行情况、观察情况、天气情况、巡护区的自然情况作必要的口头汇报，以便值班调度酌情安排下次飞行。

7.2　空投与急救飞行

7.2.1　空投

空投是利用飞机将扑火物资、食品、宣传品等，投给地面扑火队员。空投也是观察员的职责。

7.2.2.1　准备工作

（1）图上作业

接受空投任务后，应在地形图上找出空投地点坐标并以符号标记。画出基地到空投点的航线，明确地面信号。

（2）安全检查

会同机长检查空投物资的种类、数量、包装等；检查符合安全规定后方能实施空投；同时确定空投架次。

（3）制订方案

会同机长向空投人员讲解空投要领、指令、信号；确定空投方案。

7.2.2.2　选择空投场（点）

观察员要与机长、空投员共同选择空投场（点）。空投场（点）应选择在：林间空地和土质松软地带；离河流、塔头甸子有一定距离的区域；居民点或人群的侧方。

7.2.2.3　实施空投

选择好空投场（点）后，仔细观察空投场（点）周围、净空和天气情况，商定低空入出航线，指令系好安全带并逐一进行检查，确保无误后，打开飞机客（货）舱门，将物资袋的1/4 放在舱门部，机长摁响空投笛，即将物资推出舱门。实施第一次空投后，由观察员核实物资投落是否准确；如有偏差，应立即修正，以保证安全、准确地将物资空投到预定场（点）。

7.2.2.4　空投后汇报

空投任务结束后，要详细记载飞行架次、时间、空投物资的种类、数量、空投场（点）等情况，连同飞行任务书一并向值班调度员报告。

7.2.2　急救

观察员随机执行急救任务，大致有两种情况：一是按指定地点接送伤病员或空投急救物资；二是寻找丢失人员。

执行急救任务，首要的是明确任务，做好准备，会同机组细致研究急救方案，确保飞机按时起飞、完成好任务。

执行寻找丢失人员任务，要在搞清情况的基础上，分析丢失人员的可能活动区域，选定低空飞行范围和线路，争取时间，集中精力、逐区逐块、观察寻找。必要时可用投撒传单形式，边飞边投，如有可能，可让地面人员在开阔地带设符号、施烟火等，配合空中行动；总之，要竭力完成好任务。

同样，急救完毕，连同飞行任务书一并向值班调度员报告。

7.3　火烧迹地踏查和社情调查

7.3.1　火烧迹地踏查

航空护林期中、航空护林期过后，各航空护林站应有计划地组织观察员对较典型的森林火灾迹地(火场)进行实地踏查。

7.3.1.1　踏查目的

①校对空中观察判断的准确程度，弥补作业的不足，以总结经验教训，提高业务技术水平。

②了解森林损失情况。

③积累资料，研究本站巡护范围森林火灾发生、蔓延情况、特点，为进一步做好航空护林提供科学依据。

7.3.1.2　踏查内容

①起火地点、原因，火场面积、火灾种类。

②计算有林地占火烧迹地的百分比。

③树种组成及被害程度。

7.3.1.3　踏查前的准备

踏查前，应做好准备，携带相关工具，有计划地进行火场调查。携带的工具、用具主要包括摄(照)相设备、各种测量工具、地形及林相图和定位设备、记录办公用品，以及行政区划图等。

7.3.1.4　踏查记录的主要内容：

①火场位置：包括乡(镇)村(寨)、林场、林班(号码)概况。

②火灾起火时间、扑灭时间，火灾(可能的)原因；林木烧毁、烧伤和损失情况；火灾种类。

③扑火现场指挥和扑火队伍(人数、编制)情况。

④绘制火场图。

7.3.1.5　调查方法

(1)火灾原因调查

调查火灾原因应依法进行，但观察员应参与此项工作(具体略)。

(2)火场面积调查及计算方法

火场面积调查，一般采用以下几种方法：

①估算法　森林火灾面积不大，调查精度要求不高，测量又有实际困难时，可由有经验的人，以步行估算其面积，包括有林地及其他林地面积。

②实测法　火烧迹地面积较大，调查精度要要求较高时，采用此法：即利用罗盘仪或

经纬仪进行导线闭合法测量出面积；利用 1 : 20 万地形图，绕火场边缘进行实地勾绘，求出面积；绘出火烧迹地平面图。

③火灾等级　按国务院 1988 年《森林防火条例》规定执行。

（3）林木损失调查及计算方法

①选择样地　选择样地的基本原则是：样地应具有代表性；样地应设置在树种组成、地位级、林型等有代表性的林分内；样地应设在同一林分内；在混交林内设置的样地，其混交树种应分布较均匀。

样地的形状和大小：样地为块状或带状，山地多用带状样地，一般带宽 4 ~ 10 米，长 20 米，块状 20 米 × 20 米；较平坦地带带状、块状样地均可。样地面积一般不少于被烧面积的 1% 。

②样地调查

目测调查：调查实测前，应对主要的调查因子进行目测，目的在于锻炼目测能力，积累经验，提高目测（观察）质量。然后再进行实测对照比较。

每木调查：在样地内测定每株树木的胸高直径，并按树种、活立木、死立木、站杆、倒木、按径阶分别进行统计（记载），此乃调查基本工作，亦为资料来源。

每木调查时，要做到每株树都不能漏掉和重测。将检尺结果登记在每木调查（登记）表中，见表 7-5；经过标准地每木调查，可求出平均胸径、据此，可算出材积；也可用下列公式计算：

$$立木材积 = 胸高直径 2 × 0.785 × 0.5 × 树高$$

［注：（直径/2）2 × π = 直径 2 × π/4 = 直径 2 × 0.785 = 半径 2 × π ， 0.5 为系数］

表 7-5　每木调查登记表（式样）

树种：＿＿＿＿＿＿＿＿

径级	活立木	死立木	合计	断面积	站杆	倒木	备注
2							
4							
6							
8							
10							
…							
…							
总计							
每公顷							

平均胸径：　　　　　　　平均断面积：　　　　　　　平均树高：

例如：一株松树，胸高直径 30 厘米，树高 20 米，立木材积多少？

立木材积 = 0.32 × 0.785 × 0.5 × 20

　　　　 = 0.09 × 0.785 × 10

　　　　 = 0.71 立方米

整个火场林木损失，可用下列公式计算：

整个火场林木损失 = (火场总面积/标准地面积) × 标准地烧毁立木总林积

例如：火场总面积为 200 亩，标准地面为 2 亩，标准地烧毁立木总材积为 20 立方米，整个火场林木损失多少？

整个火场林木损失 = (200/2) × 20 = 2000 立方米

调查幼苗幼树：在标准地内，选择具有代表性的一定面积的地块，统计幼树的株数，成活、死亡情况，并分别记载。

7.3.1.6　内业整理及其他

野外踏查结束后，将调查材料进行综合、分析、研究，写出调查报告，连同原始材料一并交资料室立册存档，以备依法处理或总结教训。

7.3.2　社情调查

①将地物标(包括新建和更动消失的)、实物与图标记不符合的，均记标在航图上。

②了解当地森林防火指挥机构、人员组织、森林防火设施、扑火力量、农林业生产、耕作情况、生活和日常用火习惯等。

③当地历年森林火灾的发生和相关情况，例如：森林资源、火灾发生时间、频发严重时段，火灾原因、扑救措施和情况、历年火灾损失、森林更新等情况。

④当地对森林防火工作的重视情况、宣传教育情况，贯彻落实森林防火方针、政策情况和具体措施，森林案件的发生和处理情况等。

⑤调查完毕，写出调查报告。

【本章小结】

本章重点讲述了航空护林飞行观察技术知识，包括飞行观察员的职责与工作程序、飞行观察员的观察方法、空投与急救中飞行观察员的工作任务、火烧迹地踏查和社情调查中飞行观察员的工作任务。

【思 考 题】

1. 飞行观察员的工作职责包括哪些？
2. 简述烟与雾、霾、霰、低云的区别。
3. 火烧迹地踏查内容应包括哪些？

第**8**章

直升机机降扑火

机降扑火直升机要经常在山区低空飞行，又多在地形复杂的区域频繁起降，机降扑火队员频繁上下飞机作业，有时多架不同机型的飞机同时在一个火场执行不同的飞行灭火任务。因此，只有在保证飞行安全的前提下，才能真正发挥机降扑火的重要作用。

8.1　机降扑火的概述

8.1.1　机降扑火的概念

在空中随机指挥员或观察员的指挥下，使用直升机在短时间内将装备齐全的扑火队员空运到火场指定位置，单独或与其他地面扑火力量配合，并采取适当的战术、技术手段，执行扑救森林火灾任务，称为机降扑火。

机降扑火，原来称为机降灭火，是航空护林空中优势的具体表现之一，是扑救偏远、交通不便林区的森林火灾行之有效的手段。

8.1.2　机降扑火的特点

①直升机能在短时间内迅速将训练有素、纪律严明、装备齐全、战斗力强的精干扑火队员、扑火物资等空运到火场附近，以便将火灾扑灭在初发阶段，尽量减少森林资源损失。

②随机空中指挥员或观察员，居高临下，便于详细掌握火场及周围环境等全面情况，利于部署和及时调整扑火力量，提高扑火效率。

③根据火场四周蔓延势态需要，利用直升机机动灵活的特点，迅速部署扑火兵力，避免了跋山涉水，减少了体力消耗，以便人员有旺盛的精力投入扑火战斗。

④使用直升机做运载工具，将扑火队员快速分散、集中和转移，便于火场调度、

指挥。

⑤飞行计划好任务往往因火势的变化和野外飞行条件不佳、净空条件差、烟雾较大影响飞行视野，甚至受航行地面保障、空中交通管制的影响而需要改变。因此，为了不浪费机降扑火的飞行费用，需要各方的积极配合。

⑥扑救森林大火时，直升机起降频繁、作业时间长，飞行人员工作辛苦，极易产生疲劳，不利于飞行安全。因此，指挥员要善于协调相关人员的工作、生活和休息，以便集中精力搞好救灾工作。

8.2　机降扑火飞行安全

机降扑火时，飞机多在山区复杂区域低空、超低空频繁起降、飞行。执行航空护林任务的飞行安全虽然由机组负责，但作为随机观察员，同样负有一定的责任。只有安全飞行，才能保证完成机降扑火任务。影响飞行安全的因素主要有：

8.2.1　能见度

飞行中有时航路和机降点受大面积烟幕、低云、雾等因素的影响，能见度较差，甚至难以分辨前后左右地标，在此类复杂气象条件下飞行，对安全有直接的影响。

8.2.2　起落场地

有的起落场地窄小且四周多障碍物，有的地表裸露沙土，直升机起降会卷起大量的尘土，甚至遮盖了飞行员的视线，这样的起落场地对安全飞行不利。

8.2.3　扑火队伍

机降扑火队员时，影响飞行安全的因素主要有：

(1)风力灭火机燃料

风力灭火机使用的汽油燃料，极易燃烧。有的扑火队员不注意将装有燃料的油桶或装满燃料的风力灭火机放到飞行中的直升机暖气管边，初春或深秋飞行时暖气加热，致使灭火机机体烫手，油桶软化，汽油在舱内挥发，这些情况都会危及飞行安全。

(2)布帽

登机、下机时，戴布帽的扑火队员有时忘记将帽子摘下，旋翼产生的气流帽子很容易被卷起，若吸入发动机进气孔，堵塞进气道，致使发动机功率下降、甚至造成空中停车。

(3)队员本身

有的扑火队员因急于登机、下机，即从直升机尾部下穿过，易被高速旋转的尾桨击中，造成人机两伤。

(4)扑火队宿营地

宿营地散布有割下的干草、塑料等杂物，也容易被旋翼产生的气流卷起，打坏桨叶或吸入并堵塞发动机进气道。

（5）随意扳动红色把手

有的队员出于好奇或不留意，扳动直升机座舱内（只有遇到特殊情况才能）使用的有红色标记把手。

8.2.4 机组自身

（1）飞行员决断或操作错误引发的危险

主要有：进近和着陆时，机组缺乏位置和地形高度意识，导致撞地坠毁；错误复飞造成危险或潜在危险；飞机重着陆，有的造成飞机损坏；明显的非有意减速，造成接近失速或已经失速；操纵原因造成机载系统告警；偏离指定航线、飞行高度层或飞行程序错误，造成飞机撞山，或双机飞行冲突；超过飞机的限制性能飞行；调错高度表、气压值；误入雷雨区；燃油耗尽；用错机上设备；超载荷飞行；发动机温度过高，导致发动机停车；飞行中进入浓烟因缺氧导致发动机停车。

（2）疏失引发的危险

主要有：飞行中，机组没有持续有效地监视飞行状态或系统工作状态，一旦发生险情，失去正确判断的依据而做出错误处置，往往产生严重后果；迷航。

（3）飞行技能不胜任

主要有：超越机组技术能力；遭遇不可抗拒因素；在不明原因的情况下机组失去对飞机的控制。

（4）违章违规

主要有：因使用了错误的程序造成偏离预定航线或高度；低于安全高度飞行，在非目视气象条件下，盲目低于安全高度飞行是航空器撞山、撞障碍物的主要根源；未执行检查单，违反程序操作；低于机场最低天气标准（机组最低天气标准）着陆或起飞；机身外表带冰霜雪起飞，直升机空气动力特性发生变化，致使升力能力降低，增速困难，造成严重后果；偏离空中交通管制放行许可，违反空中交通秩序；超载或重心失衡、超限；误入禁区、限制区；违反规定程序飞行，例如专业飞行最多的是实施由下坡向上坡作业时，受飞机性能的限制飞不过山而迫降、甚至造成撞山失事；飞行中擅自离岗让不称职人员操作；未获得允许起飞或着陆；航空器低于主要最低设备清单、外形缺损清单规定的标准。

（5）紧急情况下处置不当

主要有：反应迟钝，发现情况晚；判断失误；处置失当。

（6）飞行人员与航空事故原因分析

主要原因有：飞行人员能力不及；飞行人员判断失误；飞行人员准备不充分；飞行人员非故意违章违纪，违反手册和程序；机组配合失误；机组获得信息有误；飞行人员使用资料有错；飞行员疲劳飞行；飞行人员心理承受能力弱，遇有紧急情况出现错乱；飞行人员未经持续有效监控航空器运行状态；飞行人员骄傲自满，鲁莽操作；语言障碍；飞行人员理论水平差；使用的航空器质量无保证；飞行人员执行任务或途中饮用了含酒精的饮料，或使用了以任何方式影响其官能而不利于安全的任何药品；飞行人员决策和应变能力差；飞行人员的专业培训不充分；飞行人员对空中交通管制程序、指令、运行环境和限制缺乏理解。超低空玩耍，有的机降后返场途中，超低空飞行，遇有强烈下降气流，可能撞到障碍物上，危及飞行安全。

8.2.5 蓄电池

观察员通信使用的蓄电池接线柱裸露，没有固牢，会出现相互碰撞，产生火花，致使烧毁电池，危及安全。为确保飞行安全，应当做到以下几点：

①签订航空护林租机合同前，有关单位和部门应对所租用飞机状况、机组技术、适航情况。特情处置方案等，承担航空护林任务的航空公司应当对航空护林作深入了解，实行准入制度，以确保任务能安全顺利地完成。航期中各航空护林站应当组织有关部门对机组经常进行安全教育、安全检查，发现问题，及时处理，杜绝安全事故的可能发生。

②在天气恶劣、能见度较差时，观察员应与机组密切配合，精确掌握飞行位置，既要依靠GPS导航，但又不能完全依赖；应随时修正航向，避免偏航；向机长下达飞行指令时，若正值飞机起降，切勿分散飞行员注意力。

③观察员应认真组织扑火队员有序、快速登机、下机，维护好乘机秩序，消除人为安全隐患。

④登机、下机时，要注意系好安全帽，摘下布帽，卷起红旗，同时随时清理干净宿营地杂物，确保场地干净、整洁。

⑤登上直升机后，要将风力灭火机和油桶放到机舱后部。

⑥登机、下机，要行经飞机前部，不得在尾部穿过。

⑦蓄电池要固定在人不容易碰到的部位，接线柱连接的电线要牢靠，切忌相互碰撞。

⑧直升机起降场最好选择在有草皮覆盖、较平坦、地质坚硬、无积水、净空条件良好的地点。

⑨必要时，观察员可提醒飞行员注意飞行高度和载重量。

8.3 机降扑火架次与机降点的选定

8.3.1 机降扑火架次的确定

确定机降扑火架次是随机指挥员或观察员的一项任务，直接关系到扑火的费用、兵力部署、扑救时间的长短和森林火灾的损失程度。因此，对这一环节应予高度重视。在直升机低空(200～300米)飞临火场上空后，随机指挥员或观察员要在绕火场飞行巡视后，正确判断下列情况：

8.3.1.1 火线长度

火线有波形闭合、非闭合两种。波形闭合火线一般形成于火灾初发阶段，其特点是火线连续、无断裂，向四周蔓延，火头扩展较快，火场形状随风向、地形变化，可清楚地划分出火头、火翼和火尾。波形闭合火线受自然障碍或其他原因的影响，可能变成不相连接的波形非闭合火线。火头、火翼或火尾三者中有一个完全或部分熄灭。

确定机降扑火架次有时还要预测未来一定时间内火线的长度。要做到这一点，首先计算出一定时间内火线蔓延速度。其基本方法是：观察员在机降第二架次飞抵火场时，迅速观察整个火场的火线变化，并在机降第一架次已判定的火线长度基础上，用勾绘法或目测法确定出火头、火翼和火尾的增长距离，然后以计算火线的蔓延速度。

8.3.1.2　火强度

火势的强弱不仅影响扑火方式和进度，而且影响确定机降扑火架次。一般来说，火势强，扑火进度就慢，需机降的扑火队员就多；火势弱，扑火进度较快，需机降的扑火队员相对就会少。

根据烟色也可判断火强度。烟为羽毛状、颜色浅而透明，只在林冠上方 100 米左右随风飘动，表明火强度低；烟下部为灰色，上部为白灰色，风速不大时出现几十米至近百米的对流柱，风速较大时烟的上部无翻腾，呈分散状态，表明火强度中等；烟的下部为橘黄色，中部为黑色或黄色，上部为灰色，产生高达几百米甚至上千米的对流柱，对流柱大多在风小、气温高的天气状态下形成，风速大时，对流柱在火头前方倾斜伸展达数千米，其覆盖区域能见度极低，有时产生飞火、火爆、火旋风和轰燃，火强度高，危险性大。

在东北、内蒙古林区，一般每架次机降 14 名扑火队，配备 4~6 台风力灭火机和若干手工具，在傍晚后一小时能够扑灭火焰高度 1 米以下、火线长 1500~2000 米和火焰高度 1.5 米左右、火线长 800~1000 米的草地次生林火灾。但因受地形、灭火机具完好程度和扑火队员的精神状态等因素影响，很难判定出恒速扑火进度。

8.3.1.3　火场扑火兵力

在机降扑火过程中，有时距离火场较近的扑火队先后进入某一火线，但有时没有进入指定扑火地段，或插在两个扑火队之间，或在进入火场的方向就近扑火。火场面积不大时，他们不但能包围火场，而且能控制、扑灭林火，此时是否继续实施机降，指挥员应在综合具体情况后才能决定。

8.3.1.4　机降时间

机降时间对确定机降架次的影响有两层含义：

（1）日落时刻

夕阳西下，太阳上边缘没于地平线的瞬间为日落。正确地掌握日落时刻是确定机降架次必须考虑的因素。民航飞行条例规定飞机在日落前 15 分钟必须返场落地。这是出于对飞行条件和飞行安全的考虑。因此，观察员要统筹各架次的飞行时间，争取在日落前完成机降任务。

（2）续航时间

直升机起飞后能连续飞行多长时间再着陆加油，对确定机降架次也有影响。应在首次续航时间内尽可能以火场为圆心，以机降最小半径内的林场的扑火队员为主，快速完成机降兵力部署。为此，要做好以下几方面：

①观察员提前向机长说明飞行航线，并引导直升机抵达预定地点。

②直升机即将接近火场或扑火队员驻地时，应提前下降飞行高度，判明风向，切入航线。

③当直升机飞临火场上空时，观察员应迅速将获取的火场信息转告给机长，以确定机降着陆点。

④直升机着陆后，扑火队员要快速、有秩序地上(下)飞机。

8.3.2　正确选择机降着陆点

选择好机降着陆点，关系到扑火效率和人员、装备的安全。此项工作看似简单，实则不然，尤其在火场面积大、气象条件恶劣的情况下，选择好机降着陆点，更显得重要。选择机降着陆点要考虑以下因素：

8.3.2.1　森林类型

树种组成、林分结构、地被物种类和数量，可作为分析火场燃烧性的依据。因此，当直升机飞临火场上空时，观察员应仔细观察火场及四周的森林情况，并结合火势、气象条件等，提出机降着陆点位置和点与点之间的距离。

1)东北、内蒙古林区

主要森林类型及其燃烧性如下：

(1)柞椴红松林

主要分布在小兴安岭和长白山的陡坡、斜坡的上部至岗岭分水岭地带，以南坡、西南坡为。树种以红松为主，混有檬古栎、椴树、色木等，立地条件较干燥；红松的枝、叶、木材和球果均含有大量的树脂，尤其枯枝落叶较易燃烧。易发生地表火、树冠火，且蔓延快，火势较强。

(2)枫桦红松林

主要分布于中山、低山中部和下部平缓的半阴坡。树种以红松略占优势，混生树种主要有枫、桦、云极、冷杉、榆、椴、水曲柳等，立地条件较湿润；一旦发生火灾，蔓延不快、火势中等，很少发生树冠火。

(3)云冷杉林

主要分布于小兴安岭海拔高于700米和长白山海拔低于700米空气湿度较大的阴坡地带；沟谷地带也有分布。林下阴湿，混生树种有枫、桦等，发生火灾蔓延不快，火势一般。

(4)蒙古栎木林

分布遍及东北东部山区的南坡、西南坡以及丘陵岗峦地带，立地较干燥，林下灌木多为易燃的胡枝子、榛子、杜鹃和一些耐旱的草本植物。优势树种蒙古栎占六成以上，混生树种有杨、白桦等，靠近河流树木稀疏地带，林中杂草多，最易发生火灾，多为地表火，且蔓延快。

(5)杨桦林

在漫岗及沟谷的各坡向、坡度均有分布，立地条件由干燥到较湿润。树种以杨、桦为主，混生有檬古栎、椴、枫、色木、水曲柳，多发生地表火，蔓延速度和火势一般。

(6)樟子松林

主要分布在大兴安岭海拔400~1000米的阳坡和沙丘地带，呈块状分布。该树种含脂量大，针叶极易燃烧，一旦发生森林火灾，极易形成高强度的树冠火，且蔓延速度快。

(7)落叶松林

主要分布于大、小兴安岭和长白山高山区。该树种含树脂，冠层稀疏，林内光照充足，林下易燃杂草丛生，但随地形和沼泽化的不同其燃烧性有异，较易燃烧的有草类落叶松林、檬古栎树落叶松林、杜鹃落叶树松林，且火灾蔓延速度较快。

（8）塔头草甸

东北东部山地的沟塘草甸及林中空地均有分布。塔头草甸极易燃烧，且火灾蔓延较快、火势较强。

（9）采伐迹地

可燃物堆集于林内地表、且较集中，发生了火灾，虽然蔓延速度不快，但火势较强、火场难清理。

2）西南林区

主要森林类型及其燃烧性：

（1）马尾松

这是一种分布最广、数量最多、适应性较强的树种，遍布我国南方十多个省（自治区、直辖市）。在海拔 800 米以下的干燥瘠薄阳坡山都有生长，但在福建，海拔 1200 米仍有分布。马尾松含有大量树脂和挥发性油类，极易燃烧，马尾松林冠稀疏，林内光照充足，林下杂草丛生，较易燃烧成地表火。虽然马尾松林具有一定的耐火性，但幼龄林不具抗火性，极易烧毁，且马尾松纯林时受松毛虫为害，所以目前南方林区正寻求生物方法，如营造针阔叶混交林或引种耐火树种为防火林带等，以提高林分抗御森林火灾和病虫害的功能。

（2）杉木

杉木是我国南部栽种历史悠久、分布较广的树种。北自秦岭、南至雷州半岛，东自沿海、西至云贵高原的海拔 3000 米以上都有栽种。一般 20°以下土层较厚的酸性缓坡山地土壤适于杉木的生长。杉木的枝叶含有挥发性油类，在干旱天气条件下易于燃烧；但杉木纯林林分郁闭度较大，林下易燃杂草少，一般不易燃烧。杉木的萌生力较强，成林有一定的耐火性，但杉木幼林不耐火，一旦发生火灾，容易成灾。

（3）云南松

系我国亚热带西部的针叶树种，主要分布于云南高原，东至黔、桂西部，北达西川、藏东高原，西抵中缅边界。垂直分布在海拔 600～3000 米。云南松的针叶、枝干富含挥发性油脂，极易燃烧，虽然成林树皮较厚、对地表火有一定的耐火性，中强度以上的火灾或树冠火、特别幼林仍容易成灾。但云南松为强喜光树种，成熟林内干燥，禾草丛生，一旦发生火灾，难于扑救，极易成灾。西南林区的云南松林的林相一般较为复杂，土层深厚地段，较多混生常绿阔叶林，因而形成乔、灌、草 3 层，这类林分燃烧性有些降低，但发生了火灾，有蔓延成树冠火的危险，遇到此种情况，给扑救带来了困难。此外，在西南林区还有思茅松、高山松、华山松、油松、长苞冷杉、云南油杉、黄杉、丽江云杉、秃杉等许多树种。

（4）常绿阔叶林

属于亚热带地带性植被。由于人为破坏，分布分散，但在西南林区仍有原生状态的常绿阔叶林，例如，云南就有大面积的热带雨林、热带季雨林、常绿阔叶或硬阔叶林，并混生多种含油芳香树种。仅西双版纳既有生物多样性、又有热带雨林基本特征的自然保护区,就有 37 万公顷。这类森林,郁闭度普遍较高,且林相层次复杂,林下阴暗潮湿,林木内含水较多,一般不易发生森林火灾,但绝非难燃或不发生火灾。如遇干旱年份,火灾仍时有发生,甚至蔓延成树冠火。1979 年的 3 月底至 4 月初,云南的小勐养国家级自然保护区发生的森林火灾,曾蔓延成树冠火,在飞机上巡视,林中野象群,被火逼得到处奔跑。

8.3.2.2 郁闭度

郁闭度的大小影响林下可燃物的数量、湿度以及林内小气候的变化。一般情况下,郁闭度越大,林内光线越弱,地表温度低,湿度大,不易燃。郁闭度越小,林内杂草越多,火灾蔓延速度快。空中判定郁闭度主要用目测法。

8.3.2.3 树龄

林木年龄不同,树高各异。例如:针叶幼龄林自然整枝和自然稀疏,致使林下枯枝落叶积累,一旦发生地表火很容易转为火势较强的树冠火。阳性针叶树种的中老林,冠层稀疏,林下杂草丛生,易发生地表火。异龄针叶林发生地表火,也容易蔓延成树冠火。

8.3.2.4 地形

火场地形复杂、山坡陡峭、林木稠密、林中平坦空地较少,不便均匀地机降扑火队员和部署兵力,此时只好将若干支扑火队伍的队员机降至选择好的一个地点,要注意尽可能将扑火队员机降至邻近河流、小溪等水源附近。火线附近选择不到水源时,可将扑火队员的宿营地点和装备放到有水源处。宿营地点要远离火线 2000 米,以便组织扑火战斗。

8.3.2.5 扑火队的战斗力

随机指挥员和观察员应时刻注意了解和熟悉各支扑火队伍的士气、给养、装备、扑火队员身体状况和战斗力强弱,以利合理调动、部署扑火力量。

8.3.2.6 机降场地选择标准

机降场地选择标准要根据机型和净空条件而定,机降场地要选择净空条件好,地面坚实、平坦、地面坡度小于 50,有草皮覆盖、无积水的开阔地带。选择机降场地,要靠近火场但不要受到火威胁的地方,并且附近要有水源。机降场地的大小,应符合机降扑火机型所规定的标准。一般"M-8""M-171"着陆面积 40 米×60 米," Z-9""BR-212""AS-350"着陆面积 40 米×40 米。一般机降场地标准应大于等于 40 米×60 米无横倒木,伐根高小于 10 厘米。当周围树高大于 25 米时,机降场地标准应大于等于 100 米×60 米。

选择好机降场地后,要在场地中间放置一个明显标志,便于飞机在空中及时发现,减少飞行时间。一般以红旗为标志,将红旗在机降场地中间竖起,当飞机发现机降场地后,红旗不要在空中摆动,给飞机显示风向,以便安全降落,当飞机切入起降航线时,就要把红旗卷起来保管好,防止被飞机气流吹起损坏飞机的桨翼或吸进发动机进气道,同时扑火队员也要迅速离开机降场地中央,便于直升机安全降落。

8.4 机降扑火实施程序

8.4.1 飞行前准备

①机组按飞行计划做好飞机检查、加油、电源启动等准备工作，机长确定乘机人数，按任务要求进行地图作业。

②飞行观察员领受机降灭火任务后进行地图作业，做好领航准备。并了解掌握机降人数、架次、位置、指挥员、灭火机具和所带给养等情况，发现问题及时处理。

③机降扑火队员按照飞行预报时间，准备灭火工具和给养。提前 20 分钟到达停机坪准备登机起飞。高火险天气或扑救重要火场，机降扑火队员携带灭火工具和给养在停机坪待命。

8.4.2 飞行作业

(1)航线飞行

①飞行观察员(空中指挥员)组织机降扑火队员按顺序登机，把扑火机具、给养按机械师要求摆放在机舱内。

②飞行观察员负责记录机降人数、物资装备及数量。

③机长负责按预定航线安全正常飞行，飞行观察员密切配合机长随时掌握飞机位置，必要时协助机长改航飞向火场。

(2)火场观察

直升机飞临火场上空后，飞行观察员应指令机长绕火场飞行，进行火场观察。判定火场位置面积、火线长度、火头数目、火势强度、火灾种类、发展方向、风向风速和森林类型等。

(3)机降点选择

根据火场观察情况，飞行观察员(空中指挥员)和机长共同确定机降投放点的位置。

机降投放点位置的选择应遵循利于兵力运动，利于火灾扑救，防止火烧事故发生的原则。一般应避开大火头，在火场上风处和火场尾翼或侧翼选择机降投放位置。

8.4.3 机降灭火注意事项

①飞行观察员维护好登机秩序，禁止机降扑火队员在尾桨下面行走。

②风力灭火机、油桶、油锯等摆放到机舱后部，防止碰撞飞机副油箱。

③机降扑火队员禁止按动机内把手，禁止在机舱内走动和吸烟。

④飞行观察员的对讲机蓄电池接线要牢靠，防止人员碰撞产生火花发生危险。

⑤机降灭火应保持能见飞行，禁止进入浓烟内，能见度不得小于 3000 米。

⑥严把重量关，禁止超载飞行。

8.4.4 火场倒人与转场

8.4.4.1 火场倒人

一般是在较大火场，扑火兵力比较紧缺的情况下，实施火场内部倒人。将火线熄灭处的兵力，用直升机倒运到燃烧的火头、火线附近，参加新的扑火战斗。

8.4.4.2 转场

一般是在火场多，兵力少的情况下，实施转场。将熄灭火场的兵力用直升机转运到新的火场或预定的位置，参加新的扑火战斗。

8.4.5 火场撤兵

①按照指挥部下达的火场撤兵命令，由航站负责组织实施，用直升机把火场扑火队员接回。

②高火险天气条件或距离基地较远的火场，用直升机把扑火队员接回基地，休整待命。

③火场扑火队员人数较多时，用直升机把扑火队员倒运到距火场附近的公路，扑火队员从地面乘车撤回基地。

8.4.6 火情汇报

机降灭火飞行结束后，飞行观察员应及时向调度室提交飞行任务书、机降灭火报告单、火场侦察报告单。详细向调度室汇报火场机降情况，提出下次飞行建议。

【本章小结】

本章主要讲述了直升机机降灭火的相关知识，内容包括机降扑火飞行安全知识，对影响飞行安全的因素进行了阐述；介绍了机降灭火架次与机降点的选定；最后重点讲解了机降扑火实施程序。

【思 考 题】

1. 影响飞行安全的因素包括哪些？
2. 机降灭火注意事项有哪些？

第9章

直升机吊桶灭火

　　吊桶灭火是利用直升机外挂吊桶载水，从空中直接将水喷洒到火头、火线进行扑救森林火灾的方法。

　　吊桶灭火必须遵循"安全、高效、快速"的原则，充分发挥机动灵活的作用，扑救地面难以扑救的森林火灾。

　　森林可燃物、氧气和火源，为森林燃烧的三个基本要素。三要素中缺少其中的任何一个，森林就不能燃烧或中断燃烧。因此，扑救森林火灾必须设法在燃烧三要素中除掉其中的某一个要素，火灾就能够熄灭。实际上，吊桶灭火的最基本原理，就是通过将水喷洒在森林可燃物上，要么将森林可燃物和空气隔绝，致使氧气不足，火即停止燃烧，从而达到扑灭森林火灾之目的；要么迫使将可燃物的温度降低到燃点以下，最后停止燃烧。这就是直升机吊桶灭火的基本原理。

　　吊桶灭火同其他灭火手段相比，主要有以下优势：一是在水源比较丰富的南方省（自治区、直辖市）开展吊桶灭火，可以节约大量人力、物力、财力消耗；二是通过吊桶洒水降低火强度，可以减轻地面扑火队员与林火直接对抗强度，避免发生人员伤亡事故；三是在火强度较高，林火蔓延速度较快时，直接扑灭火头、火线或树冠火，同地面以火攻火等扑救方式相比，可以大大减少森林资源损失。

9.1　实施吊桶灭火的条件

　　根据航空护林系统多年的实战经验，吊桶灭火一般应具备以下基本条件：

9.1.1　水源（即取水点）条件

（1）净空条件

对直升机取水而言，其水源周围环境即净空条件较好时，能够顺利进行取水作业。其一是水源不应位于陡峭高山间且不开阔的峡谷中。其二是水面（域）上空不能有危及飞行安全的障碍物，如高压电线等。其三是距水面（域）岸边100米以内，不能有影响直升机取水时降低飞行高度、取水后提高飞行高度的高大物体，如高大建筑或树木等。其四是直升机取水的水源，要尽量选择在地势较为平坦、视野开阔的地带。

（2）水源面积

直升机取水的水面（域），以面积较大且周围环境开阔最为理想，但在山区、林区，特别是西南高原山区，山峦起伏、沟壑纵横，找此理想的取水水面（域）并非易事。从南方航空护林总站的实践看，倘若找到100米×100米面积以上的水域，且净空条件较好、能确保直升机安全飞行，即可进行取水作业。

（3）水源深度

根据我国目前所使用的直升机机型和吊桶设备状况，即东北、内蒙古林区一般使用M-8型直升机、载水量在1.6~2.0吨的吊桶，西南林区使用M-8型或M-171型直升机、载水量在1.5~1.9吨的吊桶，取水时的水源深度应在2米以上。

（4）水中障碍物

为保障直升机的安全和防止吊桶设备受损，实施取水作业时，水中不能有树桩、渔网、岩石等杂物。

（5）水源海拔高度

由于直升机的载重量是随着海拔高度的增加而降低，且随着气温的升高而降低，所以，水源海拔高度、气温不同，取水量也有差异。东北、内蒙古林区一般较为平坦、开阔、海拔不高于3000米，吊桶一般都能取满水。而西南林区山高坡陡，实施吊桶灭火作业时，每架次的取水量远比相同机型在东北、内蒙古林区的取水量要少、且飞行难度较大。多年来，西南地区实施吊桶灭火，M-171直升机外挂吊桶在海拔3000米、M-8直升机在2000米左右的水域取水，每桶取水量可达到1.5~1.9吨。

（6）水源与火场距离

直升机取水点距离火场的距离一般在50千米范围内为宜。

9.1.2 火场条件

①吊桶灭火对扑救初发阶段和小的森林火灾效果显著。

②火场的海拔在3000米以下，直升机减载较少，可实施吊桶灭火。

③火场距机场的距离不超过100千米，否则，应有野外加油条件或增加直升机架数。

④火线、火点附近上空没有高压电缆等障碍物，否则，实施吊桶灭火作业时，应特别注意避开障碍物，以确保飞行安全。

9.1.3 飞机条件

①在2500米以上的高海拔林区实施吊桶灭火，一般应使用M-171型直升机，但若超越了该直升机主要性能限制，绝对不能实施吊桶灭火；同样，在2500米以下的低海拔林区，使用M-8型直升机，在通常情况下，可以较好地实施吊桶灭火，但也必须在其性能允许范围内正确操作。

②所有执行吊桶灭火任务的直升机必须性能良好，具有满额的定检小时飞行数，直升机配备有齐全的外挂装置。

9.1.4　人员条件

①直升机机组人员操作过吊桶灭火作业，有一定的实际飞行经验；如果在西南高海拔林区实施吊桶灭火，机组人员必须具有吊桶灭火的飞行经验。

②随机执行吊桶灭火作业的观察员，应有 3 级以上任职资格，并具有 50 小时以上的吊桶灭火飞行经验。

③执行吊桶灭火任务的所有人员，精神和身体状况良好，不允许带病登机工作。

9.1.5　天气条件

①执行吊桶灭火任务要求的低云量在 7 个以下，云底高度大于 300 米。

②平原地区的水平能见度在 2 千米以上，高原(山区)和丘陵地区的能见度在 3 千米以上。

③逆风风速要小于 20 米/秒，侧风风速要小于 10 米/秒，顺风风速要小于 5 米/秒，一般不允许顺风飞行。

④气象诸因子波动较小，相对稳定。

9.2　吊桶灭火操作方法

9.2.1　吊桶灭火准备工作

①进行空中和地面水源调查；将调查的水源详细情况输入计算机，并详细标在 1:20 万地形图上。

②飞机进场后，要组织安排一、两次本场吊桶洒水，检查吊桶，熟练飞行，其工作程序参见《西南航空护林总站吊桶灭火实施办法》。

③拟定吊桶灭火方案。接到火情报告后，要准确全面掌握火场位置、发现时间、火场面积、火势、火线长度、风向风速、地形地貌、森林种类、发展趋势、火场附近水源及周围自然、社会情况，认真分析预测各种情况后，及时作出吊桶灭火方案。

④在实施吊桶灭火前，要计算火场与基地、火场与水源距离，直升机加油量和续航时间内洒水次数、洒水时间间隔。火场距基地太远时，若具备野外加油条件，须做好准备。

⑤飞行前应对吊桶做详细检查，程序是从底部开始，逐步向上检查：底部链条是否磨损，各个环节是否锁紧；桶伞螺栓是否松动，包括顶部 IDS 支架、中部束带托架、底部环带的螺栓；顶部连接吊绳和吊桶的 M 形吊带是否磨损；活动吊带是否磨损；束带系统(锥墩收束系统)是否扣紧；吊绳是否磨损、打结、弯曲松动；垫仓包是否开裂，垫仓物是否漏出；铅块螺栓是否松动；控制头封盖螺栓是否松动；控制头活动绳是否纠缠、磨损或弯曲松动；桶伞是否划伤、有无漏洞；电磁阀门开关是否正常。

⑥检查完毕后，放入运输包内，程序是：把吊桶轮辐（IDS 支架）推进吊桶内，放倒吊桶；将吊桶放入运输包内；抓住控制头，拉紧所有的吊绳，把所有的吊绳收集在一起，卷成环状，将其与控制头放在吊桶上；把吊桶卷成束状，用绳子绑好，拉上运输包拉链。

9.2.2 吊桶的使用方法和操作程序

①实施吊桶（图 9-1）灭火时，若在野外挂桶，可在计划取水的水源附近选择大于40 米×60 米的地段，且净空条件好，比较平坦、无沼泽、无障碍物的开阔地，供直升机着陆，然后将吊桶抬下飞机。

图 9-1　挂吊桶

②将吊桶的控制头索环挂在飞机吊钩上，伸展开钢绳，吊桶及吊绳展开拉直与飞机轴线呈 20°~30°夹角，解开捆扎绳，将 IDS 支架撑开（检查吊绳有无缠绕，吊绳应放置在起落架内侧，并有一定距离，防止飞机起飞时起落架挂住吊绳）。

③若需地面留人指挥，人员应撤离飞机 20 米以外，在飞机前侧方向指挥飞机起飞。起飞时要向后位移，防止拖拉吊桶，起飞距地面 10 米左右时，再向前滑飞，以免吊桶被地面擦伤。地面人员注意观察吊桶的姿态，若有问题，立即指挥飞机着陆调整。

9.2.3 注意事项

①不要把束带调整到最小的水量记号，过小会损坏桶伞。

②直升机取水时，应考虑飞机逆风或顺水流方向作业，进入水面上空，悬停距水面 10米左右开始取水，同时注意观察是否有渔网或树桩等隐藏在水面下，以免挂住吊桶。

③通过把吊桶从水里提出的速度来控制载水量，飞机慢慢提升，载水较少，快速提升载水较多。

④吊桶装满水，飞机向上提起时，不要作 90°急转弯，防止吊绳挂住飞机后滑板，避免造成人员损伤和飞机损坏，在升起时从后视镜里检查载水量和吊绳。

⑤速度要求：挂空桶飞行时，速度不超过 150 千米/小时；满载飞行时，速度以 100 千米/小时左右为宜，转弯时速度放慢，速度过快，水会从桶内溢出；洒水灭火时应根据火场情况酌情处理，但速度不宜过高，为确保洒水的准确性，根据火场情况，可悬停洒水灭火，悬停洒水灭火应逆风进行。

⑥空中洒水：飞机进入火场上空后，观察员首先观察火情，然后与飞行员协商，确定洒水位置；飞机顺着林火蔓延方向接进火线、火头，根据火场情况，尽量降低洒水高度，通常高度超过 100 米水飘移严重；洒水方法有条状或点状，洒水时尽量与地面人员联系，进一步确定洒水位置，飞机不能超低空迎面接近火头和浓烟，防止烧伤飞机或使发动机缺氧窒息停机。

⑦风速大于 10 米/秒，不宜吊桶灭火作业。

⑧若直升机载有机降队员，应先把机降队员降到火场附近，然后再挂吊桶进行灭火。

⑨吊桶作业结束后，选择一块平坦地段降落，卸下吊桶。降落方法是：吊桶着地，飞机后移，保持吊绳拉紧，控制头和地面形成一定角度，飞机下降，释放控制头；不能在地面上拖拉吊桶。

⑩未经特殊批准，执行吊桶飞行任务的直升机不得乘坐无关人员。

9.2.4　洒水技术

按照吊桶灭火的不同方式，可分为直接灭火和间接扑火两种方法。在扑火实战中，根据森林火灾种类、火场面积大小、火势强弱等因素确定具体灭火方法。

9.2.4.1　直接灭火

直接灭火方法：即直升机外挂吊桶载水，在火场上空直接将水喷洒到火头、火线上，或喷洒在火头、火线蔓延方向的前一地段上，以起到将正在燃烧的火头、火线扑灭，或阻止其燃烧、蔓延的作用。直接灭火可以根据火场的形状、大小、火线的长短、火灾的种类、位置、火势强弱和火场风向、风速等诸多因素，要求喷洒技术上能够满足扑火需要，按带状、弧状、点状等不同形式，喷洒到可燃物上；且以不同的速度对不同燃烧强度的林火进行有效的喷洒；用较低的飞行速度喷洒以控制或扑灭燃烧强度较大的火头、火线；用较大的飞行速度喷洒以控制或扑灭燃烧强度较小的火头、火线。喷洒时吊桶的高度距火焰以 10 ~ 50 米为宜，也可调整飞机不同高度实施喷洒，以控制或扑灭不同燃烧强度的林火。具体有以下几种情况：

(1)林火呈线状燃烧时

①静风或侧风时，此时风向与火线一致，与火的蔓延方向成一定角度，逆风飞行正对火线喷洒效果较好。此时要考虑惯性作用力与逆风阻力相互抵消因素。

②顺风时，此时风向与火线成一定角度，与火蔓延方向一致，要修正飞行航线，使飞行航线与火线有一定距离，不能正对火线喷洒，距离的长短要根据火场风速、吊桶离火焰高度而定。从自由落体公式 $H = \frac{1}{2}gt^2$（假设水从空中洒下是自由落体状态），匀速位移公式 $S = vt$（风速在瞬时是匀速的，给正在下落的水一个横向推力）可推导出修正航距式：

$$S = v\sqrt{\frac{2H}{g}}$$

式中　S——航线与火线距离（米）；

　　　V——火场风速（米/秒）；

　　　H——吊桶距火焰高度（米）；

　　　g——重力加速度，等于9.8米/秒^2。

修正飞行航线时，有两种情况：风向从火烧迹地到林区时，飞行航线应在火烧迹地上空（图9-3）；同理，风向从林区到火烧迹地时，飞行航线应在林区上空。

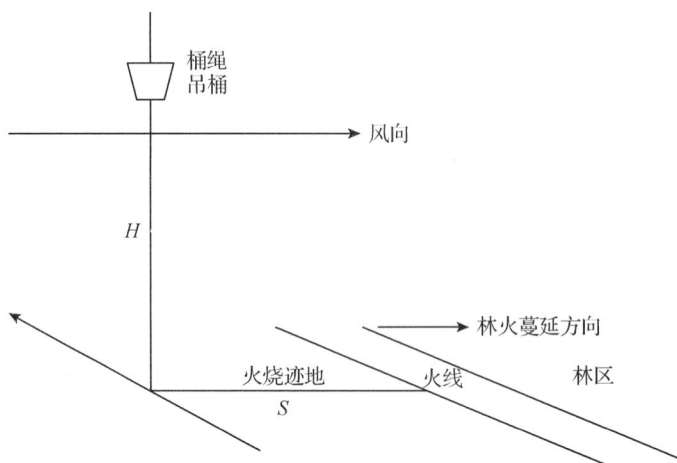

图 9-2　直升机吊桶灭火航线修正示意（绘制：周万书）

图 9-3　正对火线吊桶灭火

根据上述公式，可以计算出在不同风速、高度情况下航线与火线距离（表9-1）。

此表可以作为飞行员修正喷洒航线的参考依据。例如：当火场风速为 5 米/秒、吊桶离火焰高度为 30 米时，从表中查得修正后的航线与火线距离为 12.4 米，但考虑到水在空中受风速影响产生飘移的同时，也有大气阻力，在 12 米左右喷洒为佳。

表 9-1　吊桶灭火修正航线与火线距离

风速（米/秒） 高度（米）	1	2	3	4	5	6	7	8	9	10
10	1.4	2.9	4.3	5.7	7.1	8.6	10.0	11.4	12.9	14.3
15	1.7	3.5	5.2	7.0	8.7	10.5	12.2	14.0	15.7	17.5
20	2.0	4.0	6.1	8.1	10.1	12.1	14.1	16.2	18.2	20.2
25	2.3	4.5	6.8	9.0	11.3	13.6	15.8	18.1	20.3	22.6
30	2.5	4.9	7.4	9.9	12.4	14.8	17.3	19.8	22.2	24.7
35	2.7	5.3	8.0	10.7	13.4	16.0	18.7	21.4	24.0	26.7
40	2.9	5.7	8.6	11.4	14.3	17.2	20.0	22.9	25.7	28.6
45	3.0	6.1	9.1	12.1	15.2	18.2	21.2	24.2	27.3	30.3
50	3.2	6.4	9.6	12.8	16.0	19.1	22.3	25.5	28.7	31.9

（2）对树冠火或呈点状燃烧的林火

①静风时，飞机可以正对火头悬停喷洒，但若火头上空有浓烟、视线不清时，严禁悬停喷洒。

②有风时，可根据风向、风速，由飞行员修正喷洒点和火点距离后，再对火头实施运动喷洒。

（3）火势很强、火线较长的情况

在火势很强、火线较长的情况下，可先对火线实施喷洒、将火线切成几段，然后再分别进行喷洒。

（4）火势和风速都比较大的情况

当火势和风速都比较大时，可将水喷洒在火线蔓延的前方，以增加可燃物湿度，降低林火强度，减缓蔓延速度，为地面扑救人员赢得战机。

9.2.4.2　间接扑火

间接扑火方法是直升机外挂吊桶载水将水释放到地面储水池里，以供扑火人员利用不同的灭火机具喷洒火头、火线及扑救地下火时用水。一般来说，吊桶间接扑火适用于扑救地下火和地表火；还可以用做保证扑火人员生活供水。间接扑火是在实施机降、索（滑）降扑火的基础上，配合地面扑火人员才能发挥作用。间接扑火同直接灭火一样，在实施过程中，直升机要随机携带全套吊桶设备和折叠式储水池。直升机先机降、将储水池安放在火场附近上风方的安全地带，然后挂吊桶就近取水，并将水运送、释放到储水池中，以保证扑火人员的需要。扑火人员可以通过水枪、背囊、灭火机或水龙头等灭火机具，将水喷洒到火头、火线及正在燃烧的地下火等处，最终达到扑灭森林火灾的目的，这种方法在扑救地下火时效果较为理想。

9.2.5　吊桶的维护和故障排除

9.2.5.1　航期中的维护

①在作业过程中尽量避免损坏吊桶。

②每次吊桶灭火作业后，桶内余水必须排尽，否则造成桶伞老化，控制头内零部件生锈，增加吊桶故障率。

③及时将吊桶放入运输袋，装入机舱。

9.2.5.2　航期后的维护

①将吊桶运回基地进行晾晒，清除杂草、泥沙，并进行一次全面检查。

②待其充分干燥后，放入运输包内。

③将吊桶垂直挂于固定通风地方，且四周留出一定空间，以防鼠害。

9.2.5.3　吊桶故障排除

吊桶易出现故障大致分为供电线路、控制头、喷洒活门、桶伞几个部位。

（1）线路故障

M–171飞机实施吊桶洒水作业时，在原吊绳上另加长5～10米的钢索，在取水作业时，可消除因飞行高度过低，飞机旋翼产生的强烈气流，使水面形成水雾溅到驾驶舱上，降低能见度带来安全隐患。但会带来新问题，即飞机在悬挂空桶飞行及取水时，附在钢索上的控制电缆与机舱碰撞、摩擦造成断路。解决的方法为：在电缆外加耐磨材料加以保护，可使用橡胶胎作保护层，将钢索和电缆与机舱接触到的部位包裹起来。

（2）控制头故障

①控制头无法释放活门，解决方法：一是检查操作电磁阀的电路连接是否正确；二是检查电磁阀是否完好，若测量电磁阀电阻为6欧姆左右，此时按下洒水控制按钮，使电路闭合时应听到"咔嗒"声；三是卡挚的尾是否卡在轴承上，打开控制头盖板，将卡挚复位。打开时，要特别小心，以防控制头内弹簧弹起伤人。

②控制头提前释放喷洒活门，可能是活动绳停止螺栓松动，轮盘里的弹簧疲劳或断裂。解决方法：旋紧活动绳停止螺栓，若为弹簧疲劳可将轮盘逆时针方向旋转并将活动绳回绕1～2圈（视弹簧疲劳程度），若为弹簧断裂则需更换弹簧。

（3）喷洒活门漏水

可能是活门橡胶口密封性不好，调整活门吊绳方法：第一将吊桶垂直放好；第二把活门底部放平，拉起IDS支架，使吊桶成圆桶状；第三把活门顶部的吊环吊起拉紧活门；第四调整活门绳，使活门口边缘对齐；第五调节吊绳后往吊桶注水，水面略低于活门顶部即可，检查活门口边缘在有负荷时是否对齐。

（4）桶伞的修补

桶伞由于局部摩伤，形成较小的漏洞、裂口，损伤部位多发生在两侧板条之间，当装满水后向外鼓凸，考虑到水压因素，修补材料应用帆布和黏胶。具体做法：用质量较好的黏胶（如即时得）分别涂在帆布和吊桶损伤部位内侧，待黏胶干后将帆布黏贴到桶伞，并用胶锤击打。

桶伞的保护：为避免桶伞磨损，可在吊桶下半部外面加一保护层。方法是：取厚度适合、质地软的耐磨材料(如帆布)，裁剪比吊桶外围直径尺寸大一些的材料，拆下吊桶侧面板条，在帆布上按侧面板条固定螺栓孔位置打安装孔，将帆布安装固定好，注意帆布在相邻的两侧板间留有适当伸缩空间，防止因加外保护层过紧而影响吊桶载水量，过宽则影响吊桶外形的美观。然后在帆布外表刷上与原吊桶颜色相同的油漆，以延长帆布寿命和达到美观的作用。

(5)吊绳缠住活动绳解决方案

吊绳缠住活动绳，导致洒水失控，原因是吊桶洒水工作结束后，由于控制头来回搬动使吊绳相互交叉形成缠绕，活动绳伸缩不灵活，导致活门不能正常工作。解决办法：把吊桶与控制头拉直平放在地面，扭开控制头两边与吊绳接处的固定螺栓，重新调整吊绳。

(6)吊绳缠绕解决方案

吊绳缠绕到垫仓块下部，导致桶体倾斜，打不满水。解决办法：一是将垫仓块下部直角磨掉；二是将垫仓块更换为垫仓包。

【本章小结】

本章主要讲述了直升机吊桶灭火的相关知识，从吊桶灭火的优势、实施吊桶灭火的条件、吊桶灭火的操作方法、吊桶灭火的操作程序、吊桶的维修和故障排除等几个方面进行了阐述。

【思考题】

1. 简述实施吊桶灭火的基本条件。
2. 简述吊桶的维护。
3. 简述吊桶的故障排除包括哪几个部分？

第10章

直升机索(滑)降扑火

索(滑)降灭火是利用直升机作载运工具,将扑火队员快速运送到火场附近最佳位置,从悬停的直升机上,扑火队员通过绞车装置、钢索、背带系统或滑降设备(包括主绳、下降悬停器、安全带、自动扣主锁、手动扣主锁、扁绳套等)降至地面扑救森林火灾的方法。

10.1 索(滑)降扑火概述

10.1.1 索(滑)降扑火的特点

(1)接近火场快

索(滑)降扑火主要用于交通条件差和没有机降条件的火场,在这种地形条件下利用索(滑)降布兵,扑火人员可以迅速接近火线进行扑火。

(2)机动性强

①对小火场及初发阶段的林火可采取索(滑)降直接扑火。

②当火场面积大,索(滑)降队不能独立完成扑火任务时,索(滑)降队可以先期到达火场开设直升机降落场,为大队伍进入火场创造机降条件。

③当火场面积大、地形复杂时,可在不能进行机降的地带进行索(滑)降,配合机降扑火。

④当大火场的特殊地域发生复燃火,因受地形影响不能进行机降,地面队伍又不能及时赶到复燃地域时,可利用索(滑)降对其采取必要的措施。

(3)受地形影响小

机降扑火对野外机降条件要求较高,面积、坡度、地理环境等对机降扑火都会产生较大的影响。而索(滑)降扑火在地形条件较复杂的情况下仍能进行索(滑)降作业。

10.1.2 索(滑)降扑火的主要任务及适用范围

(1)索(滑)降扑火的主要任务

①对小火场、雷击火和林火初发阶段的火场采取快速有效的扑火手段。

②在大火场，可以为大队伍迅速进入火场进行机降扑火创造条件。

③配合地面队伍扑火。

④配合机降扑火。

(2)索(滑)降扑火主要使用范围

①主要用于扑救偏远、无路、林密、火场周围没有机降条件的林火。

②主要用于完成特殊地形和其他特殊条件下的突击性任务。

10.1.3　索(滑)降扑火方法

(1)林火初发阶段及小火场的运用

①索(滑)降扑火通常使用于小火场和林火初发阶段，因此，索(滑)降扑火特别强调一个"快"字。这就要求索(滑)降队员平时要加强训练，特别是在防火期内要做好一切索(滑)降扑火准备工作，做到接到命令迅速出动，迅速接近火场完成所担负的扑火任务。

②直升机到达火场后，指挥员要选择索(滑)降点，把索(滑)降队员及必要的扑火装备安全地降送到地面。在进行索(滑)降作业时，直升机悬停的高度一般为 60 米左右，索(滑)降场地林窗面积通常不小于 10 米×10 米。

③索(滑)降队员索(滑)降到地面之后，要迅速投入作战。这样做的主要目的是因为火场面积、火势随着林火燃烧时间的增加会发生不可预测的变化，这就要求在进行索(滑)降扑火时，要牢牢抓住林火初发阶段和火场面积小这一有利战机，做到速战速决。

(2)大火场的运用

在大火场使用索(滑)降扑火时，索(滑)降队的主要任务不是直接进行扑火，而是为队伍参战创造机降条件。

在没有实施机降扑火条件的大面积的火场，要根据火场所需要的参战队伍及突破口的数量，在火场周围选择相应数量的索(滑)降点，然后派索(滑)降队员前往开设直升机降落场地，为队伍顺利实施机降扑火创造条件。开设直升机降落场地的面积要求不小于 60 米×40 米。

(3)与机降配合作战

在进行机降扑火作战时，火场的有些火线因受地形条件和其他因素的影响，不能进行机降作业，如不及时采取应急措施就会对整个火场的扑救造成不利影响。在这种情况下，索(滑)降可以配合机降进行扑火作战。在进行索(滑)降作业时，要根据火线长度，沿火线多处索(滑)降。索(滑)降队在特殊地段火线扑火直到与机降扑火的队伍会合为止。

(4)配合扑打复燃火

在大风天气实施机降扑火时，离宿营地较远又没有机降条件的位置突然发生复燃火时，如果不能及时赶到并迅速扑灭复燃的火线，会使整个扑火前功尽弃，在这种十分紧急的情况下，最好的应急办法就是采取索(滑)降配合作战。因为，只有索(滑)降这一手段才可能把队伍及时地直接送到发生复燃的火线，把复燃火消灭在初发阶段。

(5)配合清理火线

在大火场或特大火场扑灭明火后，关键是彻底清理火线。但是由于火场面积太大，战线太长，为整个火场的清理带来困难。这时，索(滑)降队可配合清理火线，主要任务是担负对特殊地段和没有直升机降落场地造成两支扑火队伍之间的距离过大，不能对扑灭的火线进行及时地清理，又不能采取其他空运扑火手段的火线进行索(滑)降作业，配合地面队伍进行清理火线。

10.1.4 索(滑)降装备

索(滑)降装备主要由速控器、安全背带、绳索等组成(图10-1)。扑火或训练时，根据使用设施的不同，可以分为机械索(滑)降和器材索(滑)降。机械索(滑)降是指利用直升机上所配备的绞车，将人员或物资输送至地面扑火；器材索(滑)降，则是指索(滑)降队员利用索(滑)降器材，由直升机上沿绳索依靠自身的重力降至地面实施扑火。

图 10-1　索(滑)降装备

索(滑)降灭火是机降灭火的补充，优点是不需要机降点，不足之处是技术要求较高，扑火队员必须经过严格训练考核。索(滑)降灭火主要适用于山高坡陡和林中平缓空地少、附近没有机降场地的森林火灾的扑救。

10.1.5 索(滑)降人员的组成

(1)索(滑)降指挥员

①执行索(滑)降扑火作业的索(滑)降指挥员(图10-2)必须经过索(滑)降训练，熟悉索(滑)降程序和索(滑)降方法。

图 10-2　索(滑)降指挥员

②负责检查索(滑)降设备，严格把关。一旦发现索(滑)降设备存在不安全因素，立即停止索(滑)降作业(图 10-3)。

图 10-3　索(滑)降指挥员检查索(滑)降设备

③索(滑)降指挥员在组织实施索(滑)降作业时，应系好安全带，确保生命安全(图 10-4)。

图 10-4　索(滑)降指挥员须系好安全带

④注意收听及侦察索(滑)降队员随时报告的索(滑)降作业情况，出现问题迅速做出相应的处理(图 10-5)。

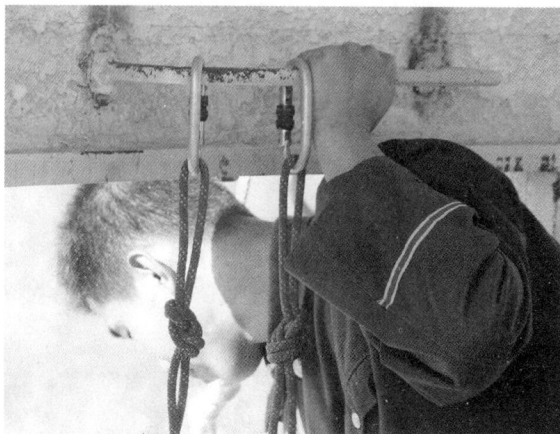

图 10-5　索(滑)降指挥员须随时收听及侦察索(滑)降队员的作业情况

⑤熟练掌握规定的手势信号，正确判断索（滑）降队员发出的手势信号，保证索（滑）降队员的安全，防止造成索（滑）降事故（图10-6）。

图10-6 索（滑）降指挥员应熟练掌握规定的手势信号

（2）索（滑）降队员

索（滑）降队员的组成应根据索（滑）降扑火实际需要确定索（滑）降队员的数量。主要由训练有素的指挥员、扑火队员、报务员、油锯手等人组成。分组编排次序：1号队员为索（滑）降指挥员，2号为报务员，3号为货袋员，4号为油锯手，5、6号为索（滑）降队员，也可以结合自己的实际情况编排组织，以便在有限的时间内有次序、有条不紊实施索（滑）降扑火。

①索（滑）降队员必须经过严格训练，熟悉索（滑）降程序，掌握索（滑）降扑火的基本知识。

②执行索（滑）降任务的索（滑）降队员，要听从索（滑）降指挥员、机械师的指挥，在指定位置坐好，确保飞机空中悬停平稳。没有索（滑）降指挥员、机械师的指令不许靠近机舱门。

③索（滑）降队员［即1号索（滑）降队员］索（滑）降着陆后，应注意侦察其他队员的索（滑）降作业，发现问题，及时用对讲机向索（滑）降指挥员报告或发出正确的手势信号，并负责解脱货袋索钩。

④熟练掌握规定的手势信号，做出正确的手势动作。

⑤索降队员在索上时，应保持与悬停的飞机相对垂直，挂好索钩，避免起吊时身体

摆动。

10.2　索(滑)降灭火操作方法

10.2.1　准备工作

实施索(滑)降灭火作业的航站,根据自己的实际情况与当地森林防火指挥部门协商建造索(滑)降训练设施。训练设施包括:训练塔、保护沙坑或保护垫等。每年非航期,航站组织扑火队员进行严格的训练和考核。考核合格后,方可从事索(滑)降灭火作业。

飞机进场后,航站和机组要对飞机索(滑)降设施设备进行认真检查,杜绝安全隐患。同时要有计划、有目的地安排本场或模拟火场索(滑)降训练,便于队员熟练掌握程序,提高机组人员、扑火队员的临战技术水平。

10.2.2　组织实施

①航站负责组织、指挥和实施索(滑)降灭火工作。组织和实施索(滑)降灭火的各类专业人员,必须熟练掌握操作程序和技术。接受索(滑)降灭火或训练任务的机组、观察员、指挥员要共同研究制订飞行方案。机组要根据火场与机场距离、作业时间、天气等情况,确定加油量和载运索(滑)降队员的数量。扑火队员准备好索(滑)降灭火的装备及各种用具并带上飞机;观察员根据接受任务和调度员提供的情况进行地图作业,做好索(滑)降准备工作。

索(滑)降由随机观察员具体组织实施。观察员对设备使用中的安全事项进行检查,并对该设备的维护管理进行监督。观察员组织作业时应本着"安全第一"的原则,在实施过程中,一旦发现安全隐患,应立即停止作业,排除隐患。

②飞机到达火场后,观察员同机组、指挥员共同确定索(滑)降场地。选择好地点后,飞机在目标点上空悬停,开始实施索(滑)降。因林区气流起伏不定,索(滑)降时应掌握好场地的区域气候特点,尽量加快下降(滑)速度,缩短直升机空中悬停时间。

③执行索(滑)降任务的队员,登机后应听从观察员的指挥,做好准备,系好安全带,在指定位置依次坐好。为确保安全,舱门打开时,观察员和等待索(滑)降队员必须扣挂保险带,队员下降(滑)时方可解除保险带扣。队员离开机舱前,观察员应对其安全带及下降器的扣装严格检查,防止错装错扣,造成安全事故。下降器与主绳的扣装必须由随机观察员亲自操作。

索(滑)降队员由训练有素的专业队员组成,其中 1 号队员为索(滑)降指挥员。指挥员首先降到地面,索上时最后离开地面。每次索(滑)降结束时,指挥员负责收回全部队员的索(滑)降器材,按要求收好,每次索(滑)降结束后,指挥员要负责收回全部队员的索(滑)降器材,当面清点后交观察员,如出现缺损,必须记录清楚。

每次实施索降,机组机械师系好保险带与驾驶员保持密切联系的同时,打开舱门,指令 1 号队员(指挥员)进行索降,并报告驾驶员索降开始,操纵绞车,控制下降速度,将队员安全降到地面，直至解脱索钩。解脱索钩后，队员要手握钢索，直至钢索上升，索钩高过头顶，以防钢绳绞错。若实施滑降，机械师打开舱门后，观察员将滑降主绳一头按要求在飞机绞车架上系好，确认牢固无松动后，将另一头扔到地面。观察员扣好下降器与主绳的扣装后，指令队员迈出舱门，确认安全无误后，解开队员保险带扣，队员控制下降器安全下滑到达地面。

观察员、机组人员和索（滑）降指挥员必须熟练掌握规定的手势信号，做出正确的反应动作。指挥员着陆后注意观察其他队员的情况，及时用正确的手势信号与机上沟通，并负责解脱索钩和牵引下滑主绳。

索降队员在进行索上时，应保持与悬停的飞机相对垂直，挂好索钩，避免起吊时人员摆动，造成事故。

机械师和观察员在索（滑）降和索上作业时，必须同驾驶员保持密切的联系。索降队员到达地面后，指挥员没有打出索上手势时，不得收回钢索。滑降时，指挥员没有打出继续下滑手势时，不得放下一名队员下滑。

10.2.3 紧急情况的处理与急救

①索降队员在索降或索上过程中，绞车设备一旦出现机械故障，飞机可由原地升高（超过树高20米），悬挂在空中的队员缓缓飞到最近的机降场地徐徐下降，将人安全降至地面，解脱索钩后撤离。

②在滑降过程中，因气流影响使飞机无法保持高度或左右摇摆，滑降队员应中止下滑，并在下降器上打上安全结，待飞机稳定后，继续下滑。滑降队员接触地面后，在解开下降器或安全带挂钩前，应使下降器继续保持下滑状态，并保持下蹲姿势，快速解开下降器，避免飞机因气流导致高度上升，将队员吊起。

③队员在索（滑）降过程中或降到地面后，造成受伤或发生危及人身安全时，可通过索上的方法，进行营救。

④在滑降时，绳索打结，或索控器制动无法下滑时，机械师操纵绞车放下索钩，索降队员将背带系统挂扣索钩上，切断绳索，索降至地面或索上直升机上。或将直升机原地徐徐上升到安全高度后，飞至附近空地徐徐下降，把队员放到地面。

⑤索（滑）降队员若挂在树上时，应抱住树杆立即脱钩或用滑降刀割断绳索，从树上下到地面，并向飞机打出急救手势信号，等待救援。

⑥索降队员在索降、索上过程中，绞车设备一旦出机械故障，应终止索降或索上作业，飞机可由原地升高外挂悬人超过树冠20米，缓缓飞到最近的机降场地徐徐下降，将人安全降至地面，解脱索钩。撤离飞机侧方。

⑦索（滑）降队员在作业过程中，受伤或发生危及人身安全时，在保证人身安全的前提下，可通过索上的方法，营救索（滑）降队员。

⑧索（滑）降作业的各类专业人员，由其所在单位负责安全教育以及各项保障和意外伤亡事故的处理工作。

10.3　索(滑)降灭火技术标准

10.3.1　索(滑)降场地的标准

①索(滑)降场地林窗面积不小于 10 米 × 10 米，索上林窗面积不小于 10 米 × 10 米，以免队员在索上时，飞机飘移，人员摆动碰撞树冠，造成人员伤亡或损坏机械设备(图 10-8)。

②索(滑)降场地的坡度不大于 40°，严禁在悬崖峭壁上进行索(滑)降、索上作业。

③索(滑)降场地应选择在火场风向的上方或侧方，避开林火对索(滑)降队员的威胁。

图 10-8　索(滑)降场地的标准

10.3.2　索(滑)降作业时对气象条件的要求

①索(滑)降作业时，最大风速不超过 8 米/秒。

②索(滑)降作业时的能见度不小于 10 千米。

③索(滑)降作业时的气温不超过 30℃。

10.3.3　对索(滑)降场地与火线距离的要求(图 10-9)

①顺风火线与索(滑)降场地的距离不小于 800 米。

②侧风火线与索(滑)降场地的距离不小于 500 米。

③逆风火线与索(滑)降场地的距离不小于 400 米。

10.3.4　地空联络手势信号规定

①指挥员位于飞机左侧，面向机门。

②左臂上举，右臂向右不断挥舞，示飞机向后。

③右臂上举，左臂向左不断挥舞，示飞机向前。

图 10-9　索（滑）降场地与火线的距离

④左臂上举，右臂向前不断挥舞，示飞机向右。

⑤右臂上举，左臂向后不断挥舞，示飞机向左。

⑥双臂上举，不断向上挥舞，示飞机原地升高。

⑦双臂下伸，向下不断挥舞，示飞机原地下降。

⑧双臂两侧平伸不动，示飞机保持高度和位置。

⑨双臂向前平伸，左右交叉摆动，示发生紧急情况，驾驶员、机械员应采取相应的补救措施。

⑩单臂向下伸出，向下不断摆动，示机械员再放索钩（滑降时示观察员可继续放人下滑）。

⑪单臂上举，向上不断摆动，表示索钩扣好或已解脱，示机上收回钢索（滑降时示收回主绳）。

⑫单臂平伸不动，示机械员停止收放钢索（滑降时示观察员暂停放人下滑）。

【本章小结】

本章讲述了直升机索（滑）降灭火的知识。滑降灭火是索降灭火的基础上改良的形式，两种方式不同，滑降的放人速度高于索降；介绍了索（滑）降灭火的特点、索（滑）降灭火的方法、索（滑）降装备、索（滑）降的人员组成等；重点阐述了索（滑）降灭火操作方法；最后介绍了索（滑）降灭火的技术标准。

【思 考 题】

1. 索降灭火与滑降灭火的联系和区别是什么?
2. 索(滑)降灭火的特点有哪些?
3. 简述索(滑)降作业时对气象条件的要求。

第11章

航空化学灭火

化学扑火是指森林燃烧时使用化学药剂来扑灭或阻滞森林燃烧传播的一种方法。化学扑火始于20个世纪20年代初，已有90多年的历史。可用喷雾机具在地面扑火，也可利用飞机喷洒扑火。目前世界各国对化学扑火都比较重视，并趋向于研制高效率的长效扑火剂，其效果比水高 5 ~ 10 倍。特别是在人烟稀少，交通不便的偏远林区，利用飞机实施化学扑火或阻火，效果非常好。

11.1 航空化学灭火概述

11.1.1 化学扑火原理

化学药剂扑火和阻滞火作用的机理，主要有覆盖理论、热吸收理论、稀释气体理论、化学阻燃理论、卤化物扑火机理等。

(1)覆盖理论

有些化学物质能够在可燃物上形成一种不透热的覆盖层，使可燃物与空气隔绝。还有一类化学药剂，受热后覆盖在可燃物上，能控制可燃性气体和挥发性物质的释放，抑制燃烧。

(2)热吸收理论

有些化学物质，如无机盐类等在受热分解时，能吸收大量的热，使热量下降到可燃物的燃点以下，使其不能继续燃烧。

(3)稀释气体理论

这类化学药剂受热后放出难燃性气体或不燃气体，能稀释可燃物热解时释放出的可燃性气体降低其浓度，从而使燃烧减缓或停止。

（4）化学阻燃理论

有些化学药剂受热后能直接改变木材热解反应，使木材纤维完全脱水，使可燃性气体和焦油等全部挥发，最后变成碳，使燃烧反应降低。如果化学药剂是由强碱和弱酸形成的盐或强酸和弱碱形成的盐，当受热后，易析出强酸或弱碱，能与纤维素上的羟基作用形成水，同时再生成强酸或强碱达到阻燃的目的。

（5）卤化物扑火机理

这类化合物对燃烧反应有抑制作用，能中断燃烧过程的连锁反应。

11.1.2　我国航空化学灭火使用的机型

用于航空化学灭火的飞机，随着我国通用航空事业的发展而变化。目前主要有 4 种小型飞机：Y–5、M18、N–5 和 AS–350。其中 Y–5 和 N–5 是国产飞机；M18 由波兰制造；AS–350 由法国制造，它带有机腹式水箱。这几种飞机机型小，载量少，抗风力差。

11.2　航空化学灭火的特点与原则

11.2.1　航空化学灭火的特点

其特点概括起来有以下 6 点：

（1）飞机快速到达火场

我们现在使用的灭火飞机，飞行速度为 150～200 千米/小时，对于发生在距离航空化学灭火基地 100 千米之内的火场，在几十分钟内飞机就能够到达火场实施航空化学灭火，利于将森林火灾控制在初发阶段，避免小火酿成大灾。

（2）扑灭火头火线

火头、火线是致使火场面积扩大、森林损失加重的主要因素。航空化学灭火最根本的任务，就是使用飞机将药液喷洒在火头、火线上，以降低火势、阻止火灾蔓延或直接扑灭森林火灾。多年的经验证实：用于喷洒火头、火线的飞行架次，约占总飞行架次的 80% 以上。

（3）扑灭地面难以到达的地段

飞机居高临下，视野开阔，能够把瞬息多变的火场情况侦察清楚，特别是较大的火场，其内情况复杂，有些地段地面扑火人员难以到达，往往可以使用飞机喷洒灭火药液，以达到直接灭火的目的。

（4）喷洒阻火隔离带

为了配合地面作战，飞机喷洒药液于火线、火头上，以压低火势、降低火强度，或将灭火药液喷洒在火头、火线的前方，以阻止火灾继续蔓延，为地面人员创造有利的扑火条件。

（5）使用高效森林化学灭火剂

我国科技工作者研制的森林化学灭火剂，不论是"75"型、"704"型森林灭火剂，还是

"82-3"型、"TYA"型，从使用的情况看，都具有价格较低，药害较小，阻火、灭火效果良好的特点。

（6）机群喷洒灭火优势明显

由1架直升机作为指挥机，4~5架以上固定翼飞机组成的航空化学灭火机群，全力以赴对火场持续实施喷洒灭火作业，能够获得事半功倍的效果。2002年在扑救内蒙古大兴安岭北部原始林区"7·28"雷击火、2004年内蒙古大兴安岭北部原始林区"6·22"雷击火等重大火灾中，航空化学灭火机群都发挥了显著作用。

11.2.2　航空化学灭火的原则

航空化学灭火是利用飞机喷洒灭火药液。为了获得好的灭火效果，既要严格执行飞行的有关规定，又要坚持喷洒作业的相关要求，这些都是航空化学灭火必须遵循的基本原则。

（1）近距离小火场单独扑灭原则

所谓近距离小火场，即距离基地50千米以内的火场；在火场面积较小、火线较短、火势较弱的条件下，不需动员大批地面人员上山扑火，宜使用飞机对火场实施喷洒作业，单独扑灭火场。

（2）扑灭主要火头、火线原则

在火险等级较高、火场面积较大、火线较长、火强度较高、蔓延速度较快、地面缺乏扑火力量的火场，使用飞机喷洒火场的主要火线、火头，以降低火势，阻止火灾蔓延和面积扩大，同时也为地面人员扑火创造有利条件。

（3）扑灭危险火头，保护人民生命和财产安全原则

重大、特大森林火灾，有时绵延数千米，火场面积大，有时火灾蔓延，极易危及林区村镇和人民群众的生命财产安全。出现这种情况时，可以派飞机在村、镇周围喷洒化学灭火药液，形成阻止火势蔓延的隔离带。不仅如此，在我国航空护林历史上，曾使用飞机喷洒航空化学灭火药液、水，扑灭民房着火；寻找并救助因雪灾而被困的牧民，等等。

（4）确保飞行安全的原则

不论是用直升机调兵遣将、组织各种扑火作业，还是用固定翼飞机侦察火情，实施机群航空化学灭火，大多都是低空、甚至超低空飞行，因此，为获取各种作业的好效果，必须确保飞行安全。

（5）听从长机指挥，药带衔接连贯原则

实施机群航空化学灭火，必须注意前后架次间地面药带的衔接和适当重叠，防止火从药带未连接地段窜出，形成新的火头，才能起到阻火作用；安排直升机指挥，目的就是保证作业质量。因此，执行机群航空化学灭火任务的每架飞机，都要听从直升机机长的指挥，以保障航空化学灭火效果。

（6）扑灭地面难以到达地段的原则

航空化学灭火与地面扑火力量相互配合时，要注意发挥各自优势，分工协作、主动出击，扑灭火灾。对地面扑火人员难以涉足的地段，应主动派飞机实施航空化学灭火；对危险性大的火头、火点、正在燃烧的站杆、枯木和急速推进的火线，初发的雷击火，火场边

缘孤立的树冠火，应当实施直升机吊桶扑火作业；而对较直的火线和大火头，可使用航空化学灭火手段加以扑灭。

11.3　药剂种类与灭火机理

11.3.1　森林化学灭火剂的种类与组成

11.3.1.1　森林化学灭火剂的种类

森林化学灭火剂按照其药效的长短，可以分为短效和长效两种；也可以按照药剂是否溶解于水，分为水溶型森林灭火剂和水合型森林灭火剂两种。

（1）短效灭火剂

短效灭火剂指灭火药剂经过配制后，喷洒在可燃物上，不能长期起隔火、阻火作用的灭火剂。

（2）长效灭火剂

长效灭火剂指灭火药剂经过配制后，喷洒在可燃物上，能够长期起隔火、阻火作用的灭火剂。如国产的"704"型、"75"型、"82－3"型森林灭火剂和"TYA"灭火剂。

11.3.1.2　森林化学灭火剂的组成

森林化学灭火剂一般由主剂、助剂、黏稠剂、湿润剂、防腐剂、着色剂等几种成分组成。各种成分在灭火剂中发挥着不同的作用（表11-1、表11-2）。

（1）主剂

主剂是药剂中起阻火、灭火作用的化学物质，是药剂的主要成分。我国现在使用的森林灭火剂中，"704"型森林灭火剂的主剂是磷酸铵；"75"型的主剂是硫酸铵；"82－3"型主剂是水氯镁石；"TYA"型高效快速水合型主剂是高效阻燃、活性耐高温隔热无机物。

（2）助剂

助剂在药剂中起增强和提高主剂阻火、灭火作用，最大化地促进主剂阻火、灭火作用的发挥。

（3）黏稠剂

黏稠剂是指为了增强灭火剂的黏度和在可燃物上的附着力，减少药剂流失和飘散而添加的化学药剂。

（4）湿润剂

湿润剂的作用是降低溶剂——水的表面张力，增强水的铺展力。

（5）防腐剂

防腐剂是指为防止和减弱灭火药剂对金属的腐蚀和自身成分的破坏而添加的药剂。

（6）着色剂

着色剂是指在灭火剂中加入色彩鲜艳的染料，作用是正确判断喷洒药带、架次间密切衔接，防止因衔接不上而导致火头窜出，形成新的火头。

表 11-1　我国常用的航空化学灭火剂的物理性能

指　标　　　性　状	测定方法	现象数值		
		704 型	75 型	82－3 型
外观	目测	深红色悬浊液	深红色悬浊液	红色悬浊液
pH 值	雷磁 25 型酸度计	6.8	6.5－6.7	6.0（精密 pH 试纸测定）
密度（千克/立方米）	密度计	1.22	1.24	1.3
黏度（帕·秒）	奥氏黏度管（10℃）	0.03	0.1～0.2	0.28～0.31（NOJ－1 型旋转黏度计测定）
表面张力（米牛顿/米）	杜诺氏 12006 型	48.3	51.9	45.2（J2HY－180 型界面张力仪测定）

表 11-2　TYA 型高效快速水合型灭火剂物理性能

检验项目　　　名　称		标准及标准条款号	实测结果	结　论
密度（千克/立方厘米）		1.10～1.30　（3）	1.15	合格
pH 值		6.0～9.0　（3）	7.6	合格
黏度（帕·秒）		1.0　（3）	0.02	合格
凝固点（℃）		0.0　（3）	0.0	合格
腐蚀率［毫克/（分米·日）］	A3 钢片	15.0　（30）	2.1	合格
	LF12 铝片	15.0　（3）	0.2	合格
灭 A 类火性能（4.5 升灭火剂）		1A　（3）	灭 1A 成功	合格

11.3.2　国外常用的几种灭火剂

（1）福斯切克

由美国蒙桑托化学公司生产。有福斯切克 259、XA、XB、STA、XBH 等多种型号，其主剂是 15%～18% 的磷酸氢二铵，尤适用于飞机喷洒。

（2）法尔卓尔

由美国凯姆尼克农业化学公司生产，有法尔卓尔 931、934、936、100 型，主剂为聚磷酸盐的浓缩液。

（3）澳大利亚森林灭火剂

有以 14% 的硫酸铵、2.25% 的三聚硫酸钠和 8.25% 黏土为主剂的森林灭火剂。

TYA 型高效快速水合型灭火剂的组成，是以高效阻燃、活性耐高温隔热无机物为主剂，添加适量配比的灭火、乳化、增稠、湿润、发泡、稳定等多种助剂，复合成灭火干粉。

TYA 型高效快速水合型灭火剂的灭火原理是：乳液状灭火剂喷洒到燃烧表面时，灭火剂遇到着火温度，即发生化学反应产生活性基"抑火"；液体汽化降温，降低助燃氧气浓度，并在燃烧物体表面快速形成耐高温隔膜，黏固在可燃物表面，起到隔氧、隔热灭火，阻燃、抑燃、抗复燃作用。综合效应是使物体燃烧快速熄灭并不复燃。

11.3.3　几种航空化学灭火剂的组成成分

我国常用的航空化学灭火剂有 4 种："704"型、"75"型、"82 - 3"型和"TYA"型。近年来，主要使用"82 - 3"型和"TYA"型。各种森林航空化学灭火剂的成分如表 11-3。

表 11-3　我国几种森林航空化学灭火剂的组成成分

704 型		75 型		82 - 3 型	
化学物质	重量比(%)	化学物质	重量比(%)	化学物质	重量比(%)
磷酸铵肥料	29	硫酸铵	28	水氯镁石(含结晶水)	53.3
尿素	4	磷酸铵肥料	9.3	硫酸铵	3
重铬酸钾	0.25	磷酸三钠	0.9	重铬酸钾	0.25
水玻璃	1.3	膨润土	4.7	膨润土	3
洗衣粉	2	洗衣粉	0.9	洗衣粉	1
酸性大红	0.1	酸性大红	0.1	酸性大红	0.1
水	63.35	水	56.1	水	39.35

11.4　航空化学灭火药液的配制方法及设备

11.4.1　航空化学灭火药液的配制方法

(1)"704"型森林化学灭火剂的配制方法

①配方中除了水和水玻璃之外，其余各种成分按比例混合后粉碎，过筛、干燥后用塑料袋包装。

②根据药罐大小，注入适量的水，计算出水的重量，再确定所需混合药剂的重量，然后将称取的混合药剂缓慢地倒入药罐中，边加药剂边搅拌，使药剂充分溶解。

③将配方中所需要的水玻璃稀释，在搅拌作用下加入配药罐中；药液配制完毕，等待使用。

(2)"75"型森林化学灭火剂的配制方法

①根据配药罐大小，加入适量的水并计算出水的重量，按照配方称取所需的膨润土，缓慢倒入配药罐中，搅拌后(使膨润土)充分浸泡 12 小时。

②在浸泡后的膨润土泥浆中，加入所需的磷酸三钠，搅拌均匀后，分别加入所需的磷酸铵、硫酸铵、洗衣粉、酸性大红，充分搅拌后即可使用。

(3)"82 - 3"森林灭火剂的配制方法

①根据配药罐大小，加入适量的水并计算其重量，按配方称取出需要的各种化学物质重量。

②严格按照下列顺序配制：水、洗衣粉、膨润土、硫酸铵、水氯镁石、酸性大红、重

铬酸钾。

③在搅拌状态下，往水中加入洗衣粉、膨润土，继续搅拌 10 ~ 15 分钟之后，再依次加入硫酸铵，并搅拌使溶液呈黏稠状，然后加入水氯镁石、酸性大红、重铬酸钾，搅拌至全部溶解，即可使用。

注意：①在每次配制药液之前，将配药罐清洗干净。

②要按照配方、顺序、要求配制。

③药液配制完之后，一般要在 1 ~ 2 天内使用完。

11.4.2 航空化学灭火药液的调配设备

我国航空化学灭火药液的调配，采用循环间歇式调配设备，由一个罐体、传输带、动力装置、输送管道、喷头、计量表、加药设备等组成。在配制药液时，先在罐体内注入一定量的水，利用泵进行循环，自罐上面的开口加入化学药剂，经泵、液流管道及喷头的不断循环，达到将药剂混合均匀的目的。再利用加药设备，把药液输送到机舱的喷洒装置中。

11.5 航空化学灭火的实施和运作

11.5.1 机群航空化学灭火的技术要求

机群航空化学灭火，原来称为机群洒液灭火，是用多架飞机装载水或航空化学灭火药液，采取跟进衔接或跟进重叠的方式向火头、火线直接喷洒，或在火头、火线前端喷洒阻火隔离带，阻止火势发展，直至扑灭火灾。

机群航空化学灭火的技术要求，在全国航空护林站管理规范中有明确的表述，对火场距航空化学灭火基地的距离、火场的能见度和风速、飞机作业高度等都作了规定。例如：

①火场距基地 100 千米以内，适于进行机群航空化学灭火。

②火场能见度大于 10 千米、风速小于 10 米/秒，可以实施机群航空化学灭火。

③飞机实施喷洒作业时，航高(真高)应小于 20 米。

④每架次喷洒的药带应有 1 ~ 10 米的重叠。

⑤最小载药量：Y – 5 约 800 千克、M18 为 1500 千克、N – 5 为 700 千克。

⑥飞机在火场上空的跟进距离大于 800 米。

11.5.2 航空化学灭火的组织与实施

航空化学灭火的组织、实施是一个较为复杂的过程，需要各有关方面的通力协作。对一个火场采取航空化学灭火作业时，首先是负责本区域森林防火工作的决策者、指挥者发出指令，各个部门上岗到位，分别做好对火场实施航空化学灭火的准备；其次是研究制订扑火方案；再次是空中喷洒；最后是效果调查。各环节紧密相连，有序进行。

11.5.2.1 决策指挥组

决策指挥组的成员由当地森林防火指挥部、航空护林站、上级驻站工作组的领导和管制员、调度员、航空化学灭火人员等组成。指挥组的主要任务是：

（1）下达命令

指挥组决定对某个火场实施航空化学灭火后，立即启动当地《航空化学灭火预案》，下达命令，通知各有关岗位的人员立即上岗到位，按照各自的职责，做好航空化学灭火的各项准备工作。

（2）制订灭火方案

指挥组领导根据火场面积大小、火势强弱、蔓延速度、火灾种类、风力大小等，结合火场所处的山形地势情况以及火场距离基地的距离等，制订灭火方案。例如：使用的航空化学灭火飞机，是空中喷洒单独扑灭火场、还是喷洒火场内的几个火头、火线？喷洒防火隔离带或配合地面扑救？每个方案的实施，都需要各有关部门做好相应的准备。航空化学灭火方案一般分为以下 3 种：

第一种方案：使用飞机空中直接喷洒药液；单独扑灭火场距航空化学灭火基地 30 千米以内、火场风速 5 米/秒以下、火势较弱、延烧速度较慢、处于初发阶段、面积较小的火场。

第二种方案：对火场面积在 10 公顷以下，火场距航空化学灭火基地 50 千米以内，火场风速 8 米/秒以下，火灾蔓延速度较快的火场，使用飞机喷洒药液，属于扑救较大火场。一般应该在火头前方一定距离进行连续衔接式喷洒，目的是构筑一条防止火灾蔓延的隔离带、堵住火头；进而喷洒火头两侧的火线和火场周边的火线，形成逐渐包围、圈住火场之势，最终将火扑灭。实践证明，火场距航空化学灭火基地在 50 千米之内，是飞机作业的较佳距离。数架飞机连续作业，不间断地对火场实施空中喷洒，以实现集中优势，围歼火灾。

第三种方案：航空化学灭火与机降扑火配合，扑灭火灾；火场距航空化学灭火基地在 100 千米以内，一般采取机降和航空化学灭火配合作战。指挥机先行起飞到达火场，就近选择水源、汲水后喷洒主要火头，接着航空化学灭火机群到达火场，将灭火药液喷洒到火头、火线上，然后直升机又机降扑火人员。此时，航空化学灭火的主要任务是扑灭蔓延速度较快的树冠火和危及居民区、扑火人员生命安全的大火头以及地面扑火人员难以靠近的高能量、高强度的火线。

（3）召开总结会议

每次航空化学灭火作业结束后，指挥组都应召集有关方面人员对本次航空化学灭火工作进行系统总结，肯定成绩，修正不足，以利再战。

11.5.2.2 组织实施组

航空化学灭火的具体实施，都是在指挥组的领导、协调下共同完成的。其主要任务是：

（1）长机指挥航空化学灭火的实施

指挥组领导乘坐直升机进入火场上空后，详细侦察火场情况，按照既定灭火方案，指挥机群对火场实施航空化学灭火。

（2）机组实施航空化学灭火

航空化学灭火机群中每个机组，都要接受长机的指挥；按照《航空化学灭火操作规程》

的要求，对火场实施空中喷洒作业。机群航空化学灭火的喷洒方式一般分为3种：一是跟进衔接喷洒方式：对蔓延速度较快的稳进地表火，采取此种方式；二是跟进重叠喷洒方式：对火势较弱、坡度较大、扑火队员难以到达的火场，采取此种方式；三是连续衔接喷洒方式：对不宜直接喷洒的火场、火线，采取此种方式，旨在起到阻火作用。

11.5.2.3 航空化学灭火效果调查

为了总结经验教训、研究、积累资料，不断提高航空化学灭火效果，各基地对航空化学灭火火场，应组织相关人员逐一进行调查。调查的内容主要包括：不同喷洒方式、不同林分、不同季节的灭火效果；各种药剂的灭火效果、药剂有效期的长短及药害程度的大小等。

11.5.3 航空化学灭火注意事项

①航空化学灭火是大载量的低空或超低空飞行，往往在地形复杂、起伏较大的山区进行；受小气候因素的影响，容易引起飞机忽升忽降，产生严重颠簸，这对飞行安全不可忽视，也会对航空化学灭火效果造成影响。因此，作业中必须按规程操作，力争既能保障飞行安全，又可获得好的灭火效果。

②需要直接灭火时，应尽量降低飞行高度、掌握好航速、把握住喷洒时间，以便将药液准确喷洒到火头、火线上。通常在航速160千米/小时（44米/秒）、飞行高度（真高）20~30米时，飞机需在火头前方50米处打开喷药口，但是，飞机喷洒的药液，受风、气流等的影响，会产生飘移，漂移的距离，与飞行高度（真高）、地面风速风向有关，可以根据风向、风速，进行必要的修偏，以保证将灭火药液准确喷洒到火线、火头上，避免造成无效喷洒；在顶风、顺风和静风条件下，飞机可以在火线上空直接喷洒。根据实践：在飞机真高20米，正侧风90°，风速5~6米/秒，药液一般飘移20米左右；侧风45°，风速5~6米/秒，药液一般飘移10米左右。

11.6　机群洒液灭火技术操作规程

11.6.1　地面作业

（1）准备工作
①开航前要将常年用量的1.5倍化灭药剂采购齐全，并妥善保管。
②全面检查和维护化灭加药、搅拌设备，进行试运转。
③配备地面作业人员，进行培训上岗。
（2）药剂配制与加注
①化灭技术员指导化灭工严格按照化灭药剂配制标准配制药液，搅拌均匀，并对药剂质量进行检查。
②飞机滑进加药坪后，加药工按照各机型的载量标准给化灭飞机加足药液。

11.6.2　空中洒液灭火作业

（1）洒液灭火的准备

①接受洒液灭火任务的飞行观察员（空中指挥员）、机长应首先了解掌握火场位置、火场距离、火场面积、火灾种类、火头火线、发展方向、火势强度及蔓延速度、火场风向风速、树种组成和地形、地势等情况。

②制订飞行方案，确定机群洒液灭火作业方式。

③飞行观察员、机长进行地图作业。

④机务人员检查飞机和喷洒装置。

⑤按飞行预报时间，飞机开车滑入加药坪准备加药起飞。

（2）洒液灭火实施

①使用 AS－350 型直升机或 Y－5 型飞机作为机群洒液灭火指挥机。无指挥机时，用长机作为指挥机。飞行观察员（空中指挥员）乘指挥机提前飞抵火场，根据火场实际情况，选择火场喷洒地段，确定喷洒灭火作业方式和飞机进出航向等。

②当火场上空有其他飞机作业时，指挥机负责现场指挥、调配火场作业飞机的飞行高度。指令其他飞机避让洒液灭火机群，其他飞机应主动避让。

（3）机群加药和起飞顺序

①机群中最后起飞的飞机先加药，加完药液后滑入跑道等待。

②倒数第二架起飞的飞机加药后滑入跑道等待。

③倒数第三架起飞的飞机加药后滑入跑道等待；其他依此类推。

④机群中首架起飞的飞机（长机）最后加药滑入跑道。按后滑入跑道先起飞的顺序，各架飞机相继起飞跟进飞行，飞机跟进间距保持在 500～800 米之间。

（4）机群加药

对距基地 100 千米范围内的火场，每次都应按上述机群加药起飞顺序起飞，跟进飞行；对距基地 50 千米范围以内的火场，第一次按上述顺序加药起飞，以后各架次，随时落地，随时加药，随时起飞。

（5）空中洒液

机群到达火场上空，指挥机向长机下达喷洒火线区段、喷洒作业方式（跟进衔接喷洒，跟进重叠喷洒）、喷洒高度、进出航向等指令。其他飞机跟进长机实施空中洒液灭火作业。

（6）机群洒液灭火作业方式

①跟进衔接喷洒方式　对蔓延速度较慢的稳进地表火，一般采用跟进衔接喷洒方式灭火。

②跟进重叠喷洒方式　对坡度较大、扑火人员到达火线有困难和火势较强的地段，一般采用跟进重叠喷洒方式灭火。

③连续衔接喷洒阻火带　对不宜直接喷洒的火场、火线，一般采用连续喷洒阻火带的方式进行阻燃和配合地面人员灭火。

11.6.3　航后工作

①飞行观察员填写灭火报告单、飞行任务书，化灭技术员要认真填写喷洒用药统计

表，向调度室汇报作业情况。

②化灭库房内务工作：对化灭机械设备进行维护与保养；清理作业场地；药剂妥善保管。

11.6.4 结航后工作

①化灭技术员要负责清点各种化灭药品的库存量并妥善保管，以便补足备用。

②对设备进行维修、保养和防冻处理。

③总结机群洒液灭火工作经验，提出机群洒液灭火工作的改进措施。

④将有关化灭资料立卷归档。

【本章小结】

本章主要讲述了航空化学灭火的知识，包括化学灭火原理、航空化学灭火的特点与原则、药剂种类与灭火机理、航空化学灭火药剂的配制方法及设备、航空化学灭火的实施和运作、机群洒液灭火技术操作规程。

【思 考 题】

1. 简述航空化学灭火的原理。
2. 简述航空化学灭火的特点。

第12章

国内外航空护林飞机性能简介

12.1 国际五大灭火飞机

12.1.1 美国波音737飞机

波音737系列飞机是美国波音公司生产的一种中短程双发喷气式客机。波音737自研发以来50年销路长久不衰，成为民航历史上最成功的窄体民航客机系列之一，至今已发展出十个型号。波音737是短程双涡轮飞机。波音737主要针对中短程航线的需要，具有可靠、简捷，且极具运营和维护成本经济性的特点，但是它并不适合进行长途飞行。美国波音公司将波音737飞机客机退役后改制成森林消防飞机，翼展28.45米，高度11.1米，机长37.81米，最大飞行高度11 590米，巡航距离7728千米，是世界上最大的灭火器。该种飞机可以一次携带60~75吨的水，也可投放20吨阻燃剂，覆盖约4千米长。已在美国、以色列用于扑火作业(图12-1)。

图12-1 美国波音737飞机灭火

12.1.2 美国埃里克森直升机

埃里克森直升机是美国西科斯基公司研制的大型起重直升机(图 12-2),于 1964 年投产。其最大特点是机身在驾驶舱以后部分采用了可卸吊舱,可充分发挥其装运大型货物和起重吊运的能力,同时也为其执行消防任务提供了良好的平台。

图 12-2 美国埃里克森直升机在航空护林中应用

该机主旋翼直径 21.95 米,机长 26.97 米,机高 7.75 米。装两台 T-73-P-1 涡轮轴发动机,单台起飞功率 4500 轴马力。全机空重 8724 千克,最大起飞重量 19 050 千克,曾运载重达 7937 千克的压路机和 9072 千克重的装甲车。最大平飞时速 203 千米,悬停高度 3230 米(有地效)、2100 米(无地效),航程 370 千米。

美国曾使用该型直升机携带装有灭火剂的吊桶进行森林火灾扑救。日本也选中该型直升机为平台,委托制造该机的美国公司改装生产了 S-64 灭火型直升机。这是一种既可执行森林灭火,又能扑救城市高层建筑火灾并实施超高层建筑被困人员紧急救援的多用途消防直升机。直升机全长 27.2 米,高 7.8 米,基本空重 10 200 千克,满载重量 21 360 千克。乘员 3 人,其中一名面向后坐在后排,负责外挂荷载的起吊和落降。

该机配备的灭火设施有:机身中下部可安装一个容量为 9500 升的水箱,水箱是可拆卸的,其内部还设有一个容量 290 升的辅助灭火剂储箱,装 A 类灭火剂(即用于一般火灾扑救的泡沫液原液),配备的比例混合器可自动调整泡沫灭火液的浓度。机体下部设有取水吸管,可在 45~60 秒内从不小于 0.5 米深的水源中吸满水箱。

直升机灭火时投放灭火剂的流量可在 4~33 升/秒之间分 8 个档次调节。当遇有强烈火灾时,可保证在 3 秒内将 9500 升水或灭火剂全部投放出来。在机身左前下方位置,正前向安装一座长 5 米、出口直径 50 毫米的固定式航空水炮,每分钟可射水或灭火剂 1100升,射程达 55 米,可持续喷射 8 分钟。

日本还以 S-64 直升机为平台研制开发出了一种独特的紧急救助装置——直升机悬挂救生吊舱系统，专门用于救助高层建筑火灾时的被困人员。该装置系统使用时是通过悬挂钢索将一个金属制围笼式救生吊舱挂载在 S-64 型直升机腹部，用直升机将此救生吊舱从空中吊运至起火建筑物，以解救超高层建筑火灾中被困在高楼层内的人员。

为使救生吊舱准确地与施救部位对接，在救生吊舱后部装有一台小型螺旋桨发动机，吊舱内设一名操作员，通过操纵螺旋桨推进装置实现救生吊舱的空中精确位移和对接定位，以供逃生者安全方便地进入吊舱。这种救助装置一次可救出 50~70 人，是一种有效的超高层建筑人员救援系统。它的出现无疑为高层建筑消防扑救提供了新的手段。

12.1.3　加拿大 CL-215/415 两栖灭火飞机

CL-215/415 两栖灭火飞机是由加拿大庞巴迪宇航公司(前身为加拿大飞机有限公司)研制的双发水陆两栖固定翼灭火飞机，是世界著名的森林灭火机(图 12-3)。该机操纵和维护简便，能在简易机场、湖泊和海湾上起降。开发出来专门用于扑救森林火灾的机型，其灭火作战能力更为强大，利用水的动压把 1 吨水箱吸满只需 10 秒，一次投水约 3 秒。可安全汲水的最浅水源深度为 1.4 米。从距火场 10 千米的水面起飞，该机 1 小时可作业 9 次。在北美、欧洲应用较多。1969 年获得加拿大和美国型号合格证，1981 年 12 月开始交付使用以来，已生产一百余架，出口法国、西班牙、意大利、希腊和泰国等国家，除灭火外，还可用于巡逻、搜索、救援和客运等其他通用航空任务。

图 12-3　加拿大 CL-215/415 两栖灭火飞机在航空护林中应用

CL-215 是其装配活塞式发动机的型号，其改装涡桨发动机的型号为 CL-215T 和 CL-415，主要参数和性能数据为：翼展 28.5 米，机长 19.8 米，机高 9.0 米，翼弦 3.54 米机翼面积 100.3 平方米，最大起飞重量 19 749 千克(陆上)/17 116 千克(水上)标准飞机空重 11 158 千克，有效载重 5357 千克，水箱容量 2×2673 千克发动机 PWACPW－120，2×2000 轴马力，内部油箱容量 4821 千克最大巡航速度 352 千米/小时，经济巡航速度 306 千米/小时；起飞滑跑距离 777 米（陆上）及 774 米（水上）；着陆滑跑距离 768 米（陆上）及 835 米（水上）；爬升率 305 米/分钟，实用升限 6100 米，最大航程 2200 千米。CL－215 采用全金属、船身式结构，其船身可保证飞机在水面上起降。它还装有前三点式起落架以便在陆上机场起降。该机机身内有两个水箱，装水方式既可在地面机场装载（90 分钟即可注满），又可由飞机从水面掠过时汲水。从水面汲水是利用两个可收放的吸水管。

当飞机以 110 千米时速从水面掠过时，利用水的动压把水箱汲满只需 10 秒，掠水飞行距离为 1222 米。汲满后飞机即可离水爬升飞赴火场。飞机的有利投水高度为 35～40 米，一资投水约 3 秒，可覆盖 120 米×25 米的区域。一架飞机每天可作业 100 多次，可提供 50 多万升水进行灭火，必要时每天最多可汲水 160 次，注水量可达 87 万多升。

通过试验证明，该机在空中喷洒泡沫灭火剂，还能扑灭燃油引起的火灾。CL－215/215T 及其最新型号 CL－415 是目前世界上最优秀的灭火飞机，至今仍在生产。我国西安飞机制造公司自 1980 年开始为这两种飞机生产副翼、应急离机舱口和浮筒吊架等部件。

12.1.4 俄罗斯 M－26 直升机

俄罗斯在 M－26 型重型直升机基础上改装研制的重型消防直升机。M－26TC 大型直升机是世界上最大的，也是我国唯一使用的一架超大型直升飞机（图 12-4）。1971 年开始设计，1986 年交付使用，曾多次创造飞行世界纪录。该机装两台涡轮轴发动机，功率 2×8380 千瓦（2×11 394 轴马力）。旋翼直径 32 米，机长 40.025 米，机高 8.145 米，货舱容积达 121 立方米。驾驶舱可容纳空勤人员 5 名，军用型座舱可容纳 85 名全副武装的士兵。直升机空重 28 200 千克，最大有效荷载（内部或外部）20 000 千克，最大起飞重量 56 000 千克。最大平飞速度 295 千米/小时，正常巡航速度 255 千米/小时，实用升限 4600 米，悬停高度 1800 米（无地效、标准大气），航程 800 千米。

图 12-4 俄罗斯 M－26 直升机在航空护林中应用

由于 M－26 直升机具有超常的载重和输送能力，因此在其基础上改装的 M－26(T) 灭火直升机能够载运大量水或化学灭火剂进行空对地强力灭火，也可将大量消防队员及装备器材空运到交通不便的地区执行任务。M－26(T) 载有特殊的水容器：VSU－15，它是直升机实施灭火的主要装备。

这种容器设计成能够使直升机在空中悬停状态下可从湖泊、河流中汲水进行重新装填，以节省时间，使直升机能够更快地穿梭往返于水源地和火场之间，增强灭火效率。机组人员可以容易地操控水容器的重新装填。

当火灾被控制后，VSU – 15 可以从直升机上快速卸除，这样直升机即可运送消防人员和装备。VSU – 15 的主要性能为：最大容量 15 立方米，最小容量 8 立方米，吊索长度6500 毫米，水容器高度 3000 毫米，水容器桶口直径 3100 毫米，汲水圆桶直径 600 毫米，汲水时间 10 秒，汲水速度 1 立方米/小时，VSU – 15 装置自重 250 千克，直升机吊挂VSU – 15 汲水时的速度为 0 ~ 120 千米/小时，吊挂满载的 VSU – 15 水容器时的飞行速度为0 ~ 180 千米/小时，吊挂空载的 VSU – 15 飞行速度为 0 ~ 200 千米/小时。载有吊挂水容器VSU – 15 的 M – 26(T)重型灭火直升机的标准配置包括：VSU – 15 型可再装填水容器；外挂吊索，用于吊载 VSU – 15 水容器，控制水的投放和重新装填；卫星导航系统；热成像装置；用于和地面消防部队通信联络的无线电装置。俄罗斯正在致力于进一步改进和完善该型直升机的重新汲水装置，以便更有效地应付紧急救援任务。

12.1.5 俄罗斯别 – 200 洒水飞机

别 – 200 飞机于 1990 年开始在别里耶夫航空设计局总设计师亚夫金领导下设计的，其原型机是 A – 40 水陆两栖飞机，1991 年首架飞机方案参加了法国航空航天展上，2001 年获得生产许可，并于 2002 年在伊尔库特航空生产联合体进行批量生产(图 12-5)。

图 12-5 俄罗斯别 – 200 洒水飞机在航空护林中应用

别-200水陆两栖飞机有各种专用类型：防火、客运、货运、搜索救援和医护、海上经济区巡逻型（主要用于海面控制和处理水面污染）。俄计划向独联体国家出售至少100架各种类型的别-200飞机，向西方国家出售180～200架。中国、韩国、以色列、希腊、法国、加拿大和美国都向俄提出了购买这种飞机的要求。

别-200水陆两栖飞机装备有АРИА-200现代化数字操纵导航系统，翼展32.78米，机长32.05米，高8.90米，机身最大直径2.86米，座舱长17米，宽2.6米，体积为84立方米，有2名机组人员，飞机使用2台Д-436ТП发动机，最大起飞重量37 200千克，8000米高空最大巡航速度710千米/小时，最大平飞速度0.69马赫，实际升限11 000米。

别-200飞机客运型可运送72名乘客，医护型可在7名医护人员的护理下使用担架运送30名伤员，防火型在水上滑行状态时最大起飞重量为43000千克，水箱最大储量12 000升，专用灭火物质1200升，燃料储备12 260千克，货运型最大载重7500千克，商业载重6500千克时最远航程为1850千米。

12.2 我国航空护林飞行概况及机型简介

12.2.1 中国航空护林飞行概况

2015年，北京、河北、内蒙古、吉林、黑龙江、浙江、江西、山东、河南、湖北、湖南、广东、广西、重庆、四川、云南、陕西、新疆等18个省（自治区、直辖市）开展了航空护林工作，总航护面积达320.97万平方千米，占国土总面积的33.4%，主要执行巡逻报警、火场侦察、火场急救、空投空运、吊桶灭火、机（索）降灭火、化学灭火、防火宣传等任务。全国各航期共租用飞机241架次，其中直升机167架次，固定翼飞机74架次。

据统计，2015年前10个月累计飞行4284架次8311小时，参与扑救林火152起，对其中95起实施吊水灭火作业，洒水5326.8吨；机降索降2686人；运送扑火物资28.7吨；配合地方森林防火部门开展了防火宣传，投撒防火传单34.6万份。

12.2.2 中国航空护林使用机型简介

主要靠租用各类飞机开展航空护林工作。

租用的直升机主要有：M-26TC（图12-6、表12-1）、K-32（图12-7、表12-2）、M-171（图12-8、表12-3）、M-8（图12-9、表12-4）、Z-8（图12-10、表12-5）、Z-9（图12-11、表12-6）、EC-225（图12-12、表12-7）、S-76（图12-13、表12-8）、S-92（图12-14、表12-9）和AS-350（图12-15、表12-10）等直升机；

租用的固定翼飞机主要有：Y-12（图12-16、表12-11）、Y-5（图12-17、表12-12）、N-5（图12-18、表12-13）和M-18（图12-19、表12-14）等。

图 12-6　M－26TC

表 12-1　M－26TC 性能指标

主要项目	数据	主要项目	数据
机　　长(m)	40.03	最大起飞全重(kg)	56 000
机　　高(m)	11.60	最大航程(km)	标准油箱：590 辅助油箱：1920
旋翼直径(m)	32.00	续航时间(h)	2.3 7.5
起降场地长宽(m)	100×80	实用升限(m)	4600
起飞滑跑距离(m)		最大携油量(L)	12 000
着陆滑跑距离(m)		最大商载重(kg)	20 000 或 82 人
最大时速(km/h)	295	平均耗油量(L/h)	3000
巡航时速(km/h)	255	起降允许最大 风速(m/s)	顺　风
			45°侧风
飞机空重(kg)	28 600		90°侧风
			逆　风
主要应用：机降灭火、索降灭火、吊桶(囊)灭火、滑降灭火、空投空运、火场急救。			

图 12-7　K－32

表 12-2　KA－32C 性能指标

主要项目	数据	主要项目		数据
机　　长(m)	12.25	最大起飞全重(kg)		12 600
机　　高(m)	5.4	最大航程(km)		670
旋翼直径(m)	15.9	续航时间(h)		4.4
起降场地长宽(m)	30×30	实用升限(m)		5000
起飞滑跑距离(m)		最大携油量(L)		
着陆滑跑距离(m)		最大商载重(kg)		4000
最大时速(km/h)	260	平均耗油量(L/h)		
巡航时速(km/h)	230	起降允许最大风速(m/s)	顺　风	
			45°侧风	
飞机空重(kg)			90°侧风	
			逆　风	
主要应用：机降灭火、索降灭火、吊桶(囊)灭火、滑降灭火、空投空运、火场急救。				

图 12-8　M－171

表 12-3　M－171 性能指标

主要项目	数据	主要项目		数据
机　　长(m)	25.35	最大起飞全重(kg)		13 000
机　　高(m)	5.54	最大航程(km)		610
旋翼直径(m)	21.29	续航时间(h)		3
起降场地长宽(m)	50×50	实用升限(m)		4800～6000
起飞滑跑距离(m)	滑160	最大携油量(L)		
着陆滑跑距离(m)	250	最大商载重(kg)		4000 或 27 人
最大时速(km/h)	250	平均耗油量(L/h)		800
巡航时速(km/h)	240	起降允许最大风速(m/s)	顺　　风	8～10
			45°侧风	10
飞机空重(kg)	7055		90°侧风	10
			逆　　风	20

主要应用：机降灭火、索降灭火、吊桶(囊)灭火、滑降灭火、空投空运、火场急救。

图 12-9   M - 8

表 12-4   M - 8 性能指标

主要项目	数据	主要项目		数据
机　　长(m)	25.35	最大起飞全重(kg)		12 000
机　　高(m)	4.73	最大航程(km)		标准：550 辅助：3609
旋翼直径(m)	21.228	续航时间(h)		标准：3：00 辅助：1：00
起降场地长宽(m)	60×40	实用升限(m)		4000
起飞滑跑距离(m)	垂0 滑50~70	最大携油量(L)		标准：2785 辅助：1870
着陆滑跑距离(m)	垂0 滑20~30	最大商载重(kg)		4000 或 24 人
最大时速(km/h)	230	平均耗油量(L/h)		700
巡航时速(km/h)	210	起降允许最大 风速(m/s)	顺　风	5
			45°侧风	10
飞机空重(kg)	7250		90°侧风	10
			逆　风	20
主要应用：机降灭火、索降灭火、吊桶(囊)灭火、滑降灭火、空投空运、火场急救。				

图 12-10　Z－8

表 12-5　Z－8 性能指标

主要项目	数据	主要项目	数据		
机　长(m)	23.035	最大起飞全重(kg)	12 074		
机　高(m)	6.66	最大航程(km)	800		
旋翼直径(m)	18.9	续航时间(h)	4		
起降场地长宽(m)	50×50	实用升限(m)	3050		
起飞滑跑距离(m)		最大携油量(L)	3900		
着陆滑跑距离(m)		最大商载重(kg)	4000 或 39 人		
最大时速(km/h)	275	平均耗油量(L/h)	936		
巡航时速(km/h)	232	起降允许最大风速(m/s)	顺　风	5	
			45°侧风	10	
飞机空重(kg)	6980		90°侧风	10	
			逆　风	20	
主要应用：机降灭火、索降灭火、吊桶(囊)灭火、滑降灭火、空投空运、火场急救。					

图 12-11　Z–9

表 12-6　Z–9 性能指标

主要项目	数据	主要项目		数据
机　长(m)	13.47	最大起飞全重(kg)		4000
机　高(m)	3.47	最大航程(km)		1030
旋翼直径(m)	11.93	续航时间(h)		4
起降场地长宽(m)	30×30	实用升限(m)		6000
起飞滑跑距离(m)		最大携油量(L)		1320
着陆滑跑距离(m)		最大商载重(kg)		1863 或 10 人
最大时速(km/h)	324	平均耗油量(kg/km)		1
巡航时速(km/h)	250~260	起降允许最大风速(m/s)	顺　风	8
			45°侧风	17
飞机空重(kg)	1975		90°侧风	14
			逆　风	20
主要应用：机降灭火、索降灭火、吊桶(囊)灭火、滑降灭火、空投空运、火场急救。				

图 12-12　EC－225

表 12-7　EC－225 性能指标

主要项目	数据	主要项目		数据
机　长(m)	16.79	最大起飞全重(kg)		11 000
机　高(m)	4.6	最大航程(km)		857
旋翼直径(m)	16.2	续航时间(h)		6
起降场地长宽(m)	50×50	实用升限(m)		5900
起飞滑跑距离(m)		最大携油量(L)		2553
着陆滑跑距离(m)		最大商载重(kg)		5700 或 24 人
最大时速(km/h)	324	平均耗油量(kg/h)		630
巡航时速(km/h)	260	起降允许最大风速(m/s)	顺　风	5
			45°侧风	10
飞机空重(kg)	6980		90°侧风	10
			逆　风	20
主要应用：机降灭火、索降灭火、吊桶(囊)灭火、滑降灭火、空投空运、火场急救。				

图 12-13　S－76

表 12-8　S－76 性能指标

主要项目	数据	主要项目		数据
机　　长(m)	16	最大起飞全重(kg)		5307
机　　高(m)	4.52	最大航程(km)		748
旋翼直径(m)	13.41	续航时间(h)		4
起降场地长宽(m)	50×50	实用升限(m)		4572
起飞滑跑距离(m)		最大携油量(L)		1063
着陆滑跑距离(m)		最大商载重(kg)		2767 或 14 人
最大时速(km/h)	260	平均耗油量(kg/h)		220
巡航时速(km/h)	287	起降允许最大风速(m/s)	顺　　风	5
			45°侧风	14
飞机空重(kg)	2540		90°侧风	14
			逆　　风	20
主要应用：机降灭火、索降灭火、吊桶(囊)灭火、滑降灭火、空投空运、火场急救。				

图 12-14　S－92

表 12-9　S－92 性能指标

主要项目	数据	主要项目		数据
机　　长(m)	20.88	最大起飞全重(kg)		12 019
机　　高(m)	5.47	最大航程(km)		1000
旋翼直径(m)	17.17	续航时间(h)		5
起降场地长宽(m)	50×50	实用升限(m)		4200
起飞滑跑距离(m)		最大携油量(L)		2876
着陆滑跑距离(m)		最大商载重(kg)		6093 或 21 人
最大时速(km/h)	306	平均耗油量(kg/h)		590
巡航时速(km/h)	280	起降允许最大 风速(m/s)	顺　风	5
			45°侧风	10
飞机空重(kg)	6743		90°侧风	10
			逆　风	20
主要应用：机降灭火、索降灭火、吊桶(囊)灭火、滑降灭火、空投空运、火场急救。				

图 12-15　AS－350

表 12-10　AS－350 性能指标

主要项目	数据	主要项目		数据
机　　长(m)	10.93	最大起飞全重(kg)		2250
机　　高(m)	3.14	最大航程(km)		670
旋翼直径(m)	10.69	续航时间(h)		4.50
起降场地长宽(m)	20×20	实用升限(m)		5800
起飞滑跑距离(m)		最大携油量(kg)		426
着陆滑跑距离(m)		最大商载重(kg)		800
最大时速(km/h)	287	平均耗油量(kg/h)		132
巡航时速(km/h)	248	起降允许最大风速(m/s)	顺　　风	
			45°侧风	8
飞机空重(kg)	1134		90°侧风	6
			逆　　风	16
主要应用：林区巡逻、观察火情、索降灭火、机腹式水箱灭火、吊桶(囊)灭火、滑降灭火、空投空运、火场急救、撒防火宣传单。				

图 12-16 Y – 12

表 12-11 Y – 12 性能指标

主要项目	数据	主要项目		数据
机 长(m)	14.86	最大起飞全重(kg)		8000
机 高(m)	5.575	最大航程(km)		1400
旋翼长度(m)	17.235	续航时间(h)		6
起降场地长宽(m)	500×30	实用升限(m)		7000
起飞滑跑距离(m)	315	最大携油量(kg)		1230
着陆滑跑距离(m)	510	最大商载重(kg)		1700
最大时速(km/h)	328	平均耗油量(kg/h)		24
巡航时速(km/h)	240~250	起降允许最大风速(m/s)	顺 风	3
			45°侧风	14
飞机空重(kg)	2840		90°侧风	10
			逆 风	
主要应用：空投、人工降雨。				

图 12-17 Y－5

表 12-12 Y－5 性能指标

主要项目	数据	主要项目	数据	
机　　长(m)	12.4	最大起飞全重(kg)	5250	
机　　高(m)	5.35	最大航程(km)	1376	
旋翼长度(m)	上 18.18 下 14.24	续航时间(h)	8	
起降场地长宽(m)	30×30	实用升限(m)	4500	
起飞滑跑距离(m)		最大携油量(kg)	9000	
着陆滑跑距离(m)		最大商载重(kg)	1240 或 11 人	
最大时速(km/h)	260	平均耗油量(kg/h)	118	
巡航时速(km/h)	160	起降允许最大 风速(m/s)	顺　　风	2
			45°侧风	9
飞机空重(kg)	3320		90°侧风	7
			逆　　风	16
主要应用：林区巡逻、观察火情、化学灭火、空投、撒防火宣传单、火场照相录像、培训考核观察员。				

图 12-18　N-5

表 12-13　N-5 性能指标

主要项目	数据	主要项目		数据
机　　长(m)	10.487	最大起飞全重(kg)		2250
机　　高(m)	3.782	最大航程(km)		720
旋翼直径(m)	13.418	续航时间(h)		5
起降场地长宽(m)	300×15	实用升限(m)		4500
起飞滑跑距离(m)	280	最大携油量(kg)		900
着陆滑跑距离(m)	220	最大商载重(kg)		700
最大时速(km/h)	220	平均耗油量(kg/h)		85
巡航时速(km/h)	170	起降允许最大风速(m/s)	顺　风	
			45°侧风	12
飞机空重(kg)	1330		90°侧风	10
			逆　风	15
主要应用：化学灭火。				

图 12-19　M - 18

表 12-14　M - 18 性能指标

主要项目	数据	主要项目		数据
机　　长(m)	9.5	最大起飞全重(kg)		4700
机　　高(m)	3.7	最大航程(km)		680
旋翼直径(m)	17.7	续航时间(h)		4
起降场地长宽(m)	600×30	实用升限(m)		4000
起飞滑跑距离(m)	500	最大携油量(L)		720
着陆滑跑距离(m)	250	最大商载重(kg)		1500
最大时速(km/h)	257	平均耗油量(L/h)		160
巡航时速(km/h)	225	起降允许最大风速(m/s)	顺　风	
			45°侧风	10
飞机空重(kg)	2900		90°侧风	6.5
			逆　风	15
主要应用：化学灭火。				

【本章小结】

　　本章讲述了国内外航空护林飞机的性能简介，对其飞行外型数据、续航时间、载重、优缺点及应用范围进行了介绍(因科技发展迅速，新的航空护林机型更新迅速，所以本章节阐述的几种航空护林飞机机型只是目前航空护林机型的一部分)。

【思 考 题】

全世界的最大直升机是哪款?

第*13*章

航空护林无人机的使用前景

13.1 无人机的发展历史

无人驾驶飞机简称"无人机"，英文缩写为"UAV"，是利用无线电遥控设备和自备的程序控制装置操纵的不载人飞机。

13.1.1 研制背景

无人机最早在 20 世纪 20 年代出现，1914 年第一次世界大战正进行得如火如荼，英国的卡德尔和皮切尔两位将军，向英国军事航空学会提出了一项建议：研制一种不用人驾驶，而用无线电操纵的小型飞机，使它能够飞到敌方某一目标区上空，将事先装在小飞机上的炸弹投下去。这种大胆的设想立即得到当时英国军事航空学会理事长戴·亨德森爵士赏识。他指定由 A·M·洛教授率领一班人马进行研制。无人机在当时是作为训练用的靶机使用的，现在则是许多国家用于描述最新一代无人驾驶飞机的术语。从字面上讲，这个术语可以描述从风筝，无线电遥控飞机，到 V－1 飞弹发展起来的巡航导弹，但在军方的术语中仅限于可重复使用的比空气重的飞行器。

13.1.2 研发历程

20 世纪 40 年代，第二次世界大战中无人靶机用于训练防空炮手。

1945 年，第二次世界大战之后将多余或者退役的飞机改装成特殊研究或者靶机，成为近代无人机使用趋势的先河。随着电子技术的进步，无人机在担任侦察任务的角色上开始展露它的弹性与重要性。

1955 年到 1974 年的越南战争，海湾战争乃至北约空袭前南斯拉夫的过程中，无人机都被频繁地用于执行军事任务。

1982 年，以色列航空工业公司(IAI)首创以无人机担任其他角色的军事任务。在加利利和平行动(黎巴嫩战争)时期，侦察者无人机系统曾经在以色列陆军和空军的服役中担任重要战斗角色。以色列国防军主要用无人机进行侦察、情报收集、跟踪和通信。

1991 年的沙漠风暴作战当中，美军曾经发射专门设计欺骗雷达系统的小型无人机作为诱饵，这种诱饵也成为其他国家效仿的对象。

1996 年 3 月，美国国家航空航天局研制出两架试验机：X - 36 试验型无尾无人战斗机。该机长 5.7 米，重 88 千克，其大小相当于普通战斗机的 28%。该机使用的分列式副翼和转向推力系统比常规战斗机更具有灵活性；水平垂直的机尾既减轻了重量和拉力，也缩小了雷达反射截面。无人驾驶战斗机将执行的理想任务是压制敌防空、遮断、战斗损失评估、战区导弹防御以及超高空攻击，特别适合在政治敏感区执行任务。

20 世纪 90 年代之前，它们不过是比全尺寸的遥控飞机小一些而已。美国军方在这类飞行器上的兴趣不断增长，因为它们提供了成本低廉、极富任务弹性的战斗机器，这些战斗机器可以被使用而不存在机组人员死亡的风险。

20 世纪 90 年代，海湾战争后，无人机开始飞速发展，并受到广泛运用。美国军队曾经购买和自制先锋无人机在对伊拉克的第二次和第三次海湾战争中作为可靠的系统。

20 世纪 90 年代后，西方国家充分认识到无人机在战争中的作用，竞相把高新技术应用到无人机的研制与发展上：新翼型和轻型材料大大增加了无人机的续航时间；采用先进的信号处理与通信技术提高了无人机的图像传输速度和数字化传输速度；先进的自动驾驶仪使无人机不再需要陆基电视屏幕领航，而是按程序飞往盘旋点，改变高度和飞往下一个目标。

13.2　无人机的发射与回收方式

发射与回收系统是无人机一个重要的组成部分，是无人机机动灵活和重复利用的必备的技术保障。无人机想要具有高生存能力，安全、高效、便捷地发射与回收是体现无人机性能的重要指标。

13.2.1　发射方式

(1)火箭助推发射

火箭助推发射主要是利用火箭助推器的能量，在短时间内将无人机加速到一定的速度和高度，一般采用零长发射和短轨发射方式。

按照火箭助推器的使用数量及无人机上连线布置形式的不同，可分为：单发共轴式、单发夹角式、双发夹角式和箱式自动连续发射等。共轴式助推火箭推力线与机体轴线一致，无人机加速迅速，推力线控制与调整简单，但推力座设置复杂，特别是后置式动力装置协调困难。夹角助推式或加推离线与机体轴线成一定角度，推力座设置简单，但推力线控制与调整要求较为复杂，火箭脱落时与后置式动力装置易发生干涉。按照发射架与无人机的相对位置关系，分为悬挂式和下托式发射方式。悬挂式多用于共轴式发射、离轨下沉量较大的无人机；而下托式多用于夹角式发射、离轨下沉量较小的无人机。

火箭助推器发射优点是机动灵活、通用性好、应用广泛，几乎适用于任何机型的飞机，是常用的无人机发射方式之一；缺点是设计火工品的贮存、运输和使用，发射时具有声、光、烟等容易暴露发射阵地的较强物理特征(图 13-1)。

图 13-1　RQ－2 先锋无人机火箭助推发射

(2)弹射起飞

弹射起飞的主要原理是将液压能、气压能或弹射能等不同形式能量转换成机械动能，是无人机在一定长度的滑轨上加速到安全起飞高度。

按发射动力能源的不同形式，可分为：液压弹射、气压弹射、橡筋弹射和电磁弹射等。

起飞速度小于 25 米/秒，起飞重量小于 100 千克，通常使用橡筋弹射方式；起飞速度小于 25～45 米/秒，起飞重量小于 4010 千克，通常采用气压或者液压弹射方式。例如，美国的银狐无人机(气压弹射)，英国的"不死鸟"无人机。无人机橡筋弹射方式原理简单、机构简便，但仅限于低速、微小型无人机发射。气压和液压弹射方式除工作介质(高压气体或高压油)不同外，工作原理基本相同。但气压弹射能量特性受环境温度影响较大，且安全性较差。目前中小型低速无人机多采用液压弹射技术。

弹射起飞方式优点是机动灵活、安全性和隐蔽性好；缺点是发射质量受限制，滑轨不能太长，一般只适用于中小型低速无人机(图 13-2)。

(3)地面滑道起飞

地面滑道起飞主要原理是利用无人机自身发动机的推力，驱动无人机在跑道上加速起飞。可分为起飞车滑道起飞和轮式起落架滑落起飞。

地面滑道起飞的优点是发射系统部分简单可靠，配套地面保障设备少，加速的过载小；其缺点主要是需要跑道或较好的地面环境条件，机动灵活性较差，起落架结构部分需占用部分无人机的空间及重量(图 13-3)。

图 13-2　无人机弹射起飞发射

图 13-3　无人机地面滑道起飞发射

（4）空中发射

空中发射是指通过载机将无人机携带至空中，利用载机自身的速度实现无人机与载机的分离和自主飞行(图 13-4)。

主要分为滑轨式发射和投放式发射。滑轨式发射指将无人机安装在滑轨上，无人机靠自身动力滑出轨道。投放式发射是指在载机上安装悬挂系统，无人机投放脱离载机后靠自身动力飞行。根据无人机自身动力启动时间，对分为投放前启动和投放后启动。

空中发射的优点是发射系统部分简单；缺点主要是对载机的要求高，依赖于机场保障，使用成本高，机动灵活性差。

图13-4 无人机空中发射

（5）手抛发射

手抛发射方式比较简单，与人们玩的纸飞机很相似，是指无人机由操作手投掷到空中实现起飞的过程。手抛发射一般适用于尺寸小、质量轻的小型、微型无人机，如美国短毛猎犬、大乌鸦（图13-5）、指针无人机，英国 MSV – 10 等无人机。为确保发射成功，手抛发射时应注意投掷力的大小和方向。

图13-5 无人机手抛发射

（6）垂直发射

垂直起飞是指无人机能够以零速度垂直起飞，并具备空中悬停能力。与其他发射方式相比，垂直起飞对跑道无依赖，尤其适用于需要悬停或对场地有特殊要求的场合。垂直起飞方式有 2 种类型：旋翼垂直起飞和特殊固定翼垂直起飞。

①旋翼垂直起飞　这种起飞方式是以旋翼作为无人机的升力工具，旋转旋翼使无人机垂直起飞（图 13-6）。

图 13-6　无人机垂直发射

按具有的旋翼类型，这类无人机可分为 4 种形式：

单一旋翼式：只有旋翼，没有固定翼，一般采用单旋翼单尾桨或双旋翼无尾桨。大多数无人直升机均采用这种方式，如美国火力侦察兵、加拿大哨兵、俄罗斯卡－137 等无人机。

复合旋翼式：在旋翼的基础上加装了固定翼和水平推进装置，以兼获垂直和水平飞行能力，如美国龙勇士无人机。该机垂直飞行能力由旋翼提供；水平飞行时，固定翼提供升力，而旋翼可部分或完全卸载，从而有较好的水平飞行性能。

转化旋翼式：旋翼和固定翼可互相转换，当旋翼旋转时能以双桨叶直升机模式飞行，当旋翼锁死时能以固定翼飞机模式飞行，如美国蜻蜓无人机，为鸭式布局，旋翼/机翼固定在机背顶端。

倾转旋翼式：旋翼的推力方向可变换，起飞时推力向上，转入水平飞行时推力向前倾转，由机翼承担部分或全部升力，如美国鹰眼无人机（图 13-7）。该机采用中单翼布局，双垂尾内倾，左右翼尖装有可偏转旋翼短舱来实现推力换向，两副旋翼由布置在机身内的 1 台涡轮轴发动机驱动。倾转旋翼式无人机兼备直升机和固定翼飞机的优点，起降灵活，不

图 13-7　美国鹰眼无人机

受机场限制、航程远、速度快。

②特殊固定翼垂直起飞　这种起飞方式分 2 种情况：一种是无人机在起飞时，以垂直姿态安置在发射场上，由无人机尾支座支撑无人机，在发动机的推力下起飞。例如，美国金眼无人机（图 13-8），该机起飞时机身竖立，利用函道式风扇发动机垂直起飞，起飞后机身水平，转换到翼载飞行状态（利用机翼和机体产生的升力）进行水平飞行。另一种是在无人机上配备垂直起飞用的发动机，或借助推力矢量换向技术，在发动机推力的作用下，实施垂直起飞。如美国狼蛛–鹰、OAV 等无人机，其中 OAV 无人机是一种可用背包携带的超小型全自主垂直起降的函道式无人机，专为城区作战开发，可在未来战斗系统（FCS）的

图 13-8　美国金眼无人机

无人车上自主起降,用于近距离侦察,探测爆炸装置等。

13.2.2 回收方式

(1)伞降回收

伞降回收技术成熟,被广泛使用,大多数无人机都采用降落伞作为主要的回收装置,通常也会选择降落伞作为应急回收系统(图13-9)。

为降低无人机的着陆冲击,伞降回收系统通常采用伞降加末端缓冲装置的组合形式。末端回收装置有气囊减冲和反挚火箭缓冲两种方式。

伞降回收也存在着一些缺点。比如:回收过程中如果遇到侧风,会有水平飘移,影响了着陆的准确性;并且,着陆点的地貌对伞降后无人机的损伤程度有直接影响。着陆过载较大时,若想降低着陆速度,需要以增大伞衣面积及降低回收精度为代价。

图 13-9 无人机伞降回收

(2)着陆滑跑回收

着陆滑跑回收主要是采用车轮、起落架、滑橇或平整地面上滑行,通过滑行摩擦阻力或其他阻拦装置(阻拦网、阻拦索或阻力伞)使无人机在地面上逐步减速直至停止(图13-10)。中小型无人机滑跑距离为几十米,大型无人机一般为100~300米。

地面滑跑回收方式优点是回收系统简单,配套地面保障设备少,着陆撞击过载小,对机体和机载设备的损失小,回收后再次起飞准备的时间短;缺点是需要良好的跑道,回收的机动灵活性差。

图 13-10　无人机着陆滑跑回收

(3)撞网回收

这是一种理想的非伞降方式,特别适合窄小的回收场或舰船上使用(图 13-11)。重点是如何引导无人机准确地飞向阻拦网,触网后如何柔和地吸收能量。这种方式适用于小型无人机,可靠性高,对回收场空间要求不高,费用低。

图 13-11　无人机撞网回收

(4)天钩系统回收

和撞网回收差不多,控制无人机飞向绳索,利用无人机上的挂钩勾住绳索(图 13-12)。如美国的"扫描鹰"无人机。

图 13-12　无人机天钩系统回收

13.3　无人机的分类及应用

13.3.1　无人机的分类

由于无人机的多样性，出于不同的考虑会有不同的分类方法：

按飞行平台构型分类，无人机可分为固定翼无人机、旋翼无人机、无人飞艇、伞翼无人机、扑翼无人机等。

按用途分类，无人机可分为军用无人机和民用无人机。军用无人机可分为侦察无人机、诱饵无人机、电子对抗无人机、通信中继无人机、无人战斗机以及靶机等；民用无人机可分为巡查/监视无人机、农用无人机、气象无人机、勘探无人机、森林防火无人机以及测绘无人机等。

按尺度分类（民航法规），无人机可分为微型无人机、轻型无人机、小型无人机以及大型无人机。微型无人机是指空机质量小于等于 7 千克，轻型无人机质量大于 7 千克，但小于等于 116 千克的无人机，且全马力平飞中，校正空速小于 100 千米/小时，升限小于3000 米。小型无人机，是指空机质量小于等于 5700 千克的无人机，微型和轻型无人机除外。大型无人机，是指空机质量大于 5700 千克的无人机。

按活动半径分类，无人机可分为超近程无人机、近程无人机、短程无人机、中程无人机和远程无人机。超近程无人机活动半径在 15 千米以内，近程无人机活动半径在 15～50千米之间，短程无人机活动半径在 50～200 千米之间，中程无人机活动半径在 200～800千米之间，远程无人机活动半径大于 800 千米。

按任务高度分类，无人机可以分为超低空无人机、低空无人机、中空无人机、高空无人机和超高空无人机。超低空无人机任务高度一般在 0～100 米之间，低空无人机任务高度一般在 100～1000 米之间，中空无人机任务高度一般在 1000～7000 米之间，高空无人机任务高度一般在 7000～18 000 米之间，超高空无人机任务高度一般大于 18 000 米。

13.3.2　无人机在森林防火中的应用

目前采用的林火监测手段主要有卫星遥感、塔台瞭望、地面巡视和飞机巡护等。利用卫星监测林火的优势是覆盖面积大，1～2 小时就可以获取一次覆盖全国的资料，但受自身轨道周期和天气影响，资料的实时性和分辨率欠佳。塔台瞭望的实时性最好，但单塔的覆盖范围有限，需要组网配置，这大大增加了人员和设备成本，且近地面瞭望受地形影响大，存在视觉盲点。人工地面巡视工作量巨大，人员处于森林底层，视线遮挡严重，观察范围有限，效率低下。相对而言，飞机空中巡护监测林火的实时性和适应性俱佳，优点突出，但其保有和使用成本高，难以大规模、常态化运行。目前，多数林区只在重点防火时期租用飞机开展相关护林作业。无人机是一种新型的航空平台，近年来随着其技术的成熟已在气象探空、灾情监测、环境遥感等众多领域中得到应用。特别是质量轻、体积小的微型无人机具有购置成本低、运行费用少、操作简便、机动灵活等特点，能够根据现场情况实时调整作业方案及载荷设备，非常适合用于森林火灾的监测作业（图 13-13）。

图 13-13　无人机用于森林火灾侦查

13.3.3　无人机在森林防火中应用特点

（1）反应灵活、操作简单

能够有效地满足应急需要；通过配置摄像机、高分辨率照相机、前视红外仪和图像传输等任务设备，实现对目标区域的空中巡视，并在巡视过程中实时传回视频图像或存储高清照片供返回地面处理，其中前视红外仪配置还可满足夜晚巡视的要求；可采用手抛发射、伞降回收，场地要求低，可适应各种复杂的使用环境。

（2）成本低廉，可执行高危作业

在森林火灾发生时火场上空能见度低，即使是载人飞机能达到火灾上空，观察员也无法详细观察到地面火场情况，在这种情况下飞行又存在着安全隐患，无人机能够克服载人飞机这一不足。通过搭载摄像设备和影像传输设备，可随时执行火警侦察和火灾探测任务，地面人员通过接收来自无人机的微波信号，随时掌握火场动态信息。

（3）全天候对火场监测

无人机可以在空中全天候地对林区进行监测，及时发现火情，报告火场位置，采取行动将火灾消灭在初期。无人机按预定航迹对林区进行空中巡查，并将空中巡查获取的图像数据实时传回地面监测站，地面监测站将实时图像通过网络传给防火值班部门。对于可疑点或区域，通过遥控指令可改变无人机飞行航迹及飞行高度进行详查，详查图像通过无线链路实时传回地面。

（4）科学扑救指挥

对已出现火情的地区进行空中火情态势观察，使扑火指挥部门迅速有效地组织、部署灭火队伍，提高灭火作战效率，及时通知消防人员撤离危险地区，并根据火场图像资料为消防人员提供撤离路径，防止救火人员伤亡，做到科学扑救指挥。

【本章小结】

本章主要讲述了无人机的性能及其在航空护林中的应用。先介绍了无人机的发展历史；然后阐述了无人机的发射与回收方式；最后介绍了无人机的分类并探讨了无人机在森林防火中的应用，并对无人机在森林防火中应用的优点进行了叙述。

【思 考 题】

1. 无人机的发射方式有哪几种？
2. 无人机的回收方式有哪几种？
3. 试对无人机在森林防火中应用的前景进行探讨。

参考文献

单保君,江西军,王秋华,等. 2015. 森林航空灭火研究综述[J]. 防护林科技(9):76-79.

单延龙,金森,李长江. 2004. 国内外林火蔓延模型简介[J]. 森林防火(4):18-21.

邸雪颖. 1993. 林火预测预报[M]. 哈尔滨:东北林业大学出版社.

杜建华,高仲亮,舒立福. 2013. 森林火灾探测扑救中的无人机技术及其应用[J]. 森林防火(4):52-54.

高仲亮,王秋华,舒立福,等. 2015. 森林火灾应急扑救中航空飞机装备的种类及技术[J]. 林业机械与木工设备(09):76-78.

国家林业局. 2004. 森林航空消防工程建设标准[S]. 北京:中国林业出版社.

国家森林防火指挥部办公室. 2009. 森林航空消防[M]. 哈尔滨:东北林业大学出版社.

国家森林防火指挥部办公室. 2009. 森林火灾扑救[M]. 哈尔滨:东北林业大学出版社.

国家森林防火指挥部办公室. 2009. 森林火灾扑救安全[M]. 哈尔滨:东北林业大学出版社.

何诚,巩垠熙,张思玉,等. 2013. 基于 MODIS 数据的森林火险时空分异规律研究[J]. 光谱学与光谱分析,09(32):2472-2477.

何诚,张思玉,姚树人. 2014. 旋翼无人机林火点定位技术研究[J]. 测绘通报(12):24-27.

何诚,舒立福,张思玉. 2014. 我国寒温带林区地下火发生特征及研究[J]. 森林防火(4):22-25.

何诚,张思玉. 基于 GPS 接收器和双摄像机的森林着火点定位方法:中国,CN201410316018.2[P]. 2014-07-07.

刘克韧. 2016. 浅析森林航空消防直接灭火技术[J]. 森林防火,6(2):49-53.

尚超,王克印. 2013. 森林航空灭火技术现状及展望[J]. 林业机械与木工设备,3(41):04-08.

舒立福,王明玉,田晓瑞,等. 2003. 大兴安岭林区地下火形成火环境研究[J]. 自然灾害学报,12(4):62-67.

舒立福,杜永胜. 1999. 国外林业管理简介[M]. 哈尔滨:东北林业大学出版社.

舒立福,王志高. 1994. 美国森林防火高级系统技术(FFAST)最新进展",《森[J]. 森林防火(3):46-48.

舒立福,周汝良. 2012. 森林火灾监测预警和扑救指挥数字化技术[M],云南:云南科学技术出版社.

、田晓瑞,张有慧,舒立福,等. 2004. 林火研究综述——航空护林[J]. 世界林业研究(5):17-20.

王新臣. 1999. 航空气象学[M]. 北京:海潮出版社.

王忠宝,张宝柱. 1990. 浅谈吊桶灭火[J]. 森林防火(4):39 - 40.

文定元,舒立福. 1999. 林火理论知识[M]. 哈尔滨:东北林业大学出版社.

姚庆学. 2002. 世界先进森林扑火装备概述[J]. 林业机械与木工设备(10):5 - 6.

姚树人,文定元. 2004. 森林消防管理学[M]. 北京:中国林业出版社.

张思玉,张慧莲. 2006. 森林火灾预防[M]. 北京:中国林业出版社.

郑林玉,任国祥. 1995. 中国航空护林[M]. 北京:中国林业出版社.

Ambrosia V,Wegener S,Sullivan D,et al. 2003. Demon-strating UAV-aquired real-time thermal data overfires[J]. Photogramm. Eng. Remote Sensing,69(4),391 - 402 .

Cheng He,Matteo Convertino,Siyu Zhang,et al. 2013. Using LiDAR Data to Measure the Three-dimension Green Biomass in Beijing of China[J]. PLOS ONE,8(10),pp:1 - 11.

Cheng He,Xiafang Hong,Kezhen Liu,et al. 2016. Precise Nondestructive Measuring Technique for Standing Wood Volume[J]. Southern Forests,78(1): 53 - 60 .

Merino L,Caballero F,Martínez de Dios,et al. 2006. A cooperative perception sys-tem for multiple UAVs: application to automatic de-tection of forest fires[J]. J. Field Robot,23(3 - 4),165 - 184.

Zhang Chunhua,Kovacs J M. 2012. The application of small unmanned aerial systems for precision agriculture: a review[J]. Precision Agriculture,13(6):693 - 712.